기초 회로망실험

김 세 찬 저

D.B.Info

머리말

회로이론은 전기, 전자 공학을 공부하는 학생들에게 가장 기본적인 지식을 제공하는 중요한 이론이다. 이 책은 전기, 전자 공학을 전공하는 2/3년제 대학 1학년 학생을 대상으로 하는 책이며, 회로망 이론 중 직류전원과 저항만의 회로를 해석하기 위한 기초적 이론과 이를 실험을 통하여 확인 할 수 있도록 하였다. 이 책의 특징은 각 장의 시작 부분에 개요와 실험의 목적을 설정하고, 실험이 종료되면 이론과 실험에 관련된 내용을 다시 한번 숙지 할 수 있도록 학습 평가문제를 각 장의 마지막에 수록 하였다. 전기, 전자공학을 처음 공부하는 학생들이 쉽게 접근 할 수 있도록 최대한 쉽게 설명하였고, 실험 또한 초보자도 따라 할 수 있도록 쉬운 내용으로 구성하였다. 이 책은 다음과 같이 구성되어 있다.

제0장 수의 표현

공학계에서 이용하는 10의 거듭제곱 표현과 이를 이용한 연산법을 설명한다.

제1장 전기회로의 기초

회로의 기본개념인 전기, 전하, 전자, 전류 및 전압, 직류와 교류 등에 관한 기본적인 개념과 전력, 에너지에 대한 기본지식을 익힐 수 있도록 한다.

제2장 계측기 및 브레드 보드 사용법

기초회로망 실험을 하기 위한 전압계, 전류계, 저항계 등 계측기기 사용법과 브레드 보드 사용법에 대하여 설명한다.

제3장 지항

저항의 종류 및 특성에 대하여 설명하고 칼라코드를 통하여 저항크기를 알 수 있는 방법을 소개 한다.

제4장 옴의 법칙

회로 해석의 가장 기초가 되는 옴의 법칙을 소개하고 실험을 통하여 확인 할 수 있도록 한다.

제4장~제7장 직렬, 병렬, 직병렬회로

저항의 직렬, 병렬, 직병렬 회로를 구성하는 방법, 합성저항 구하는 방법, 그리고 각 저항에 흐르는 전류, 각 저항양단 전압을 구할 수 있는 전압분배법칙과 전류분배법칙을 소개하고 실험을 통하여 확인 할 수 있도록 한다.

제8장~제12장 회로망 제 정리

간단한 회로는 옴의 법칙과 전압분배법칙, 전류분배법칙을 통하여 해석할 수 있지만, 회로가 복잡해지고 회로 내에 여러 개의 전압원과 전류원이 존재하는 경우, 이를 해석하기 위해서는 키르히호프 전압, 전류 법칙, 중첩의 원리, 테브난 정리, 노턴 정리 등의 회로망 제 정리들이 필요한데, 이러한 회로망 정리들을 소개하고 실험을 통하여 확인 할 수 있도록 한다.

제13장 최대 전력전달 이론

일정 전압원으로 부터 부하저항에 최대의 전력을 전달할 수 있는 조건을 실험을 통하여 확인하고 이해한다. 그리고 실험결과를 통하여 임피던스 정합의 개념을 익힌다.

제14장 휘스토운 브릿지

휘스토운 브리지(Wheatstone bridge)를 통하여 브리지 회로의 원리를 이해하고, 휘스토운 브리지를 이용한 정밀 저항 측정법을 실험을 통하여 확인한다.

contents

Chapter

00 수의 표현과 연산

공학 분야에서 사용되는 수들은 연산을 편리하게 하기 위하여 주로 10의 거듭제곱 형태로 표현 된다. 일반적으로 10의 거듭제곱 표기법은 과학 표기법과 공학 표기법으로 구분될 수 있으며, 전기전자공학에서는 10의 승수를 항상 3의 배수 형태로 표현하고 이를 특별한 문자로 표시하는 공학 표기법이 주로 사용된다.

1. 수의 과학 표기법

수의 과학 표기법은 어떤 수를 1과 10 사이의 수와 10의 거듭제곱 형태로 표기하는 방법이다. 여기서 10의 거듭제곱은 소수 자리를 나타내기 위하여 사용되며, 원래 수에서 소수점이 왼쪽 또는 오른쪽으로 얼마나 이동하여야 하는가를 표시한다. 원래의 수에서 소수점이 왼쪽으로 이동하면 10의 거듭제곱이 증가하고, 반대로 오른쪽으로 이동하면 10의 거듭제곱은 감소하게 된다. 표0.1은 수의 과학 표기법을 보여준다.

표 0.1 수의 과학 표기법

$3000,000=3\times10^{6}$	$0.1=10^{-1}$
$1240=1.24\times10^{3}$	$0.121=1.21\times10^{-1}$
$120=1.2\times10^{2}$	$0.00023=2.3\times10^{-4}$
$10=10^{1}$	$0.000001=1\times10^{-6}$
$1=10^{0}$	$0.000000123=1.23\times10^{-7}$

2. 수의 공학 표기법

수의 공학 표기법은 어떤 수를 수와 10의 거듭제곱 형태로 표현하는데, 수의 크기를 1~10 사이로 고정하지 않고 표0.2와 같이 10의 승수가 항상 3의 배수가 되도록 하는 표기법이다. 이때 거듭제곱이 3의 배수가 되는 값은 T, G, M, K, m, μ, n, p와 같은 특정한 문자로 표기한다.

표 0.2 수의 공학 표기법과 접두사/약자

10의 거듭제곱	접두사	약자
10^{12}	Tera	T
10^{9}	Giga	G
10^{6}	Mega	M
10^{3}	Kilo	K
10^{-3}	Milli	m
10^{-6}	micro	μ
10^{-9}	nano	n
10^{-12}	pico	p

3. 10의 거듭제곱 표기법과 사칙 연산

1) 덧셈과 뺄셈

10의 거듭제곱으로 표현된 수를 더하거나 또는 빼기 위해서는, 먼저 연산할 두 수의 10의 승수를 동일하게 조정한 후 수치 부분을 더하거나 빼면 된다. 그리고 다시 10의 승수를 적절하게 조정하여 과학 표기법 또는 공학 표기법이 되도록 한다. 다음과 같은 연산 예를 보자.

거듭제곱의 덧셈	연산결과
$170\times10^{3}\ +\ 23\times10^{4}$	0.4×10^{6}=$0.4M$

먼저 23×10^4의 10의 거듭제곱 부분을 조정하여 10^3이 되도록 하면 230×10^3이 된다. 그리고 수치 부분을 더하면 400×10^3이 된다. 이것을 다시 과학적 표기법으로 변환하면 4×10^5으로 표현된다. 공학적 표기법으로 표현하면 0.4×10^6이 되어 $0.4M$의 접두어로 표현 가능하다. 두 수의 뺄셈도 동일한 방법으로 수행된다.

2) 곱셈과 나눗셈

10의 거듭제곱으로 표현된 수를 곱할 때에는 수치 부분과 거듭제곱 부분을 분리하여 곱셈을 수행한다. 즉, 수치 부분의 곱셈은 단순히 그 값을 곱하고 거듭제곱 부분의 곱셈은 지수를 더하여 준다. 다음의 예를 보자.

거듭제곱의 곱셈	연산결과
$(3\times10^4)\times(5\times10^2)$	$=(3\times5)\times(10^4\times10^2)$ $=15\times10^{(4+2)}$ $=15\times10^6$

10의 거듭제곱으로 된 수를 나눌 때에도 동일하게 수치부분과 10의 거듭제곱 부분을 분리하여 나눈다. 즉, 수치 부분의 연산은 값을 나누고 10의 거듭제곱 부분의 연산은 분자의 지수에서 분모의 지수를 빼주면 된다. 다음의 예를 보자.

거듭제곱의 나눗셈	연산결과
$\dfrac{(5\times10^4)}{(2\times10^2)}$	$=\dfrac{5}{2}\times10^{(4-2)}$ $=2.5\times10^2$ $=0.25\times10^3$

3) 10의 거듭제곱의 역수 연산

10의 거듭제곱의 역수를 구하는 것은 10의 거듭제곱을 사용한 나눗셈의 특별한 경우이다. 즉, 분자 1은 10^0으로 표현 할 수 있기 때문이다. 다음 예를 보자

10의 거듭제곱의 역수	연산결과
$\frac{1}{10^3}$	$= \frac{10^0}{10^3} = 10^{(0-3)} = 10^{-3}$

4) 10의 거듭제곱으로 표시된 수의 제곱

10의 거듭제곱으로 표시된 수의 제곱을 구할 때는 수치 부분을 제곱하고 10의 지수를 두 배로 해 주면 된다. 다음 예를 보자.

10의 거듭제곱으로 표시된 수의 제곱	연산결과
$(2\times10^2)^2$	$= 2^2\times10^{2^2} = 4\times10^4$

학습평가문제

1) 수의 과학 표기법과 공학 표기법의 차이점을 설명하시오.

2) 다음의 수를 공학적 표기법으로 변환하시오.

① 0.00234　　② 1234　　③ 561.765

3) 다음의 수를 연산하시오.

① $(23.0\times10^3)+(4.2\times10^2)$

② $(-3.56\times10^3)-(45.0\times10^2)$

③ $(4.0\times10^2)\times(12\times10^5)$

④ $\frac{(20\times10^5)}{(4\times10^3)}$

Chapter

01 전기회로 기초

1. 물질의 구성

모든 물질은 원자로 구성되어 있으며, 원자는 양성자로 구성된 핵과 그 주위를 회전하는 전자로 구성되어 있다. 그리고 물질은 핵 주위를 회전하는 전자들이 핵과의 결합력이 약하여 쉽게 핵으로부터 이탈되어 원자와 원자 사이를 자유롭게 이동할 수 있는 도체와, 원자 내의 전자가 핵과의 결합력이 강하여 자신의 궤도 내에서 만 머물러 있어 자유롭게 이동할 수 있는 전자의 수가 거의 없는 부도체, 그리고 실리콘 게르마늄 등과 같이 도체와 부도체의 중간정도 성질을 가지는 반도체로 나누어진다. 일반적으로 금속은 도체, 유리, 고무, 종이 등은 부도체, 그리고 게르마늄, 실리콘 등은 반도체에 해당된다.

2. 전기, 전하, 전자, 전류

전기의 특성과 동작을 설명하는데 있어서 필요한 가장 기본적인 양 중의 하나는 전하이다. 왜냐하면 모든 전기적 효과는 전하의 공간적 분포 및 그 운동에 의하여 나타나기 때문이다. 전하는 정이온을 갖는 정전하(+)와 부이온을 갖는 부전하(-)로 구분되며 M.K.S 단위로는 쿨롱(coulomb : [C])이 사용된다. 쿨롱이라는 단위는 프랑스 물리학자인 쿨롱에 의하여 사용되기 시작했으며, 1[C]은 6.25×10^{18}개의 전자 또는 양성자가 가지고 있는 전기적인 에너지로 정의된다. 따라서 전자 한 개가 가지는 전하량과 질량은 다음과 같이 정의될 수 있다.

전 하 량	$e = -1.602 \times 10^{-19} [C]$
질 량	$m = 9.109 \times 10^{-31} [kg]$

이와 같이 모든 전자는 전하라는 전기적인 에너지를 가지고 있으며, 전자의 이동은 곧 전하의 이동을 의미한다. 그리고 전자의 이동은 전류를 형성한다.
따라서 전류는 "단위시간에 이동한 전하량"으로 정의될 수 있으며 M.K.S 단위계에서는 그 단위로 암페어(ampere : [A])를 사용한다. 즉 "1초에 1[C]의 전하(6.25×10^{18}개의 전자)가 이동할 때를 1[A]의 전류가 흐르는 것으로 정의" 한다. 그리고 전류를 나타내는 기호는 대문자 영문자 'I'또는 소문자 영문자 'i'를 사용한다.
도체 내에서 전하가 이동하는 경우, 일정한 크기로 T 초 동안 Q[C]의 전하가 이동한다면 전류I와 전하량Q 사이에는 식(1.1)과 같은 관계가 성립된다.

$$I=\frac{Q}{T}\ [A] \text{ 또는 } Q=IT\ [C] \tag{1.1}$$

이동하는 전하량이 시간적으로 변할 경우, 미소시간 $dt[s]$ 동안 미소전하 $dq[C]$가 이동한다면 전하량은

$$q=\int idt[C] \tag{1.2}$$

으로 나타낼 수 있다.

3. 전위차와 전압

전압은 전기회로에 있는 두 지점 간의 전위차로서 전류를 흐르게 하는 원인이며 기전력이라고도 한다. 즉 "단위 양전하를 기준점으로부터 측정점까지 이동시키는데 필요한 에너지" 로 정의 된다. 다시 말하면 "전하를 이동시킬 수 있는 능력"을 말한다. M.K.S 단위계에서 사용되는 전압의 단위는 볼트[V]이다. 즉, 1[V]는 "1[C]의 전하가 두 점 간을 이동할 때 얻거나 또는 잃게 되는 에너지가 1[J]이 되는 두 점 간의 전위차"를 말한다. 따라서 Q[C]의 전하가 어느 두 점 사이를 이동해서 얻거나 잃는 에너지가 W[J]이고, 이때 두 점 사이에 V[V]의 전위차가 형성된다면 이들 사이에는

$$V=\frac{W}{Q}[V] \text{ 또는 } W=QV[J] \tag{1.3}$$

의 관계가 성립된다.

일반적으로 미소전하 $dq[C]$이 이동할 때 수반되는 에너지의 변화가 $dw[J]$라면, 이때의 전위차는

$$V = \frac{dw}{dq}[V] \tag{1.4}$$

이 되며 이를 적분식으로 표시하면

$$W = \int vdq[J] \tag{1.5}$$

이 된다.

4. 전류와 전압의 기준방향

회로를 구성하는 소자는 회로에 에너지를 공급하여 주는 능동소자(전압원, 전류원)와 전원으로부터 에너지를 공급받음으로써 비로소 그 전기적인 기능을 갖게 되는 수동소자(R, L, C)로 구분된다.

1) 수동소자에서의 기준방향

수동소자에 그림1.1과 같은 방향으로 전류 i가 흐를 경우 수동 소자 자체는 일단 에너지를 공급받는 것이 되므로 전류의 진행 방향으로 소자 전후에 있어서 전압강하가 발생된다. 따라서 소자를 지나기 전의 전위를 정(+), 소자를 지난 후의 전위를 부(-)로 하여 이를 전류방향에 대한 수동소자 양단전압의 기준방향으로 정의한다. 수동소자 R, L, C 각각에 대한 전류, 전압의 기준방향은 그림1.2와 같이 표시된다.

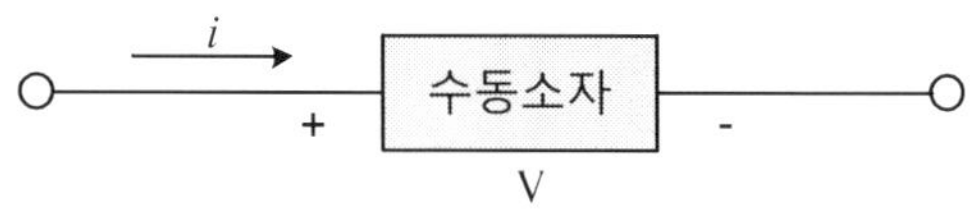

그림 1.1 수동소자에서의 기준방향

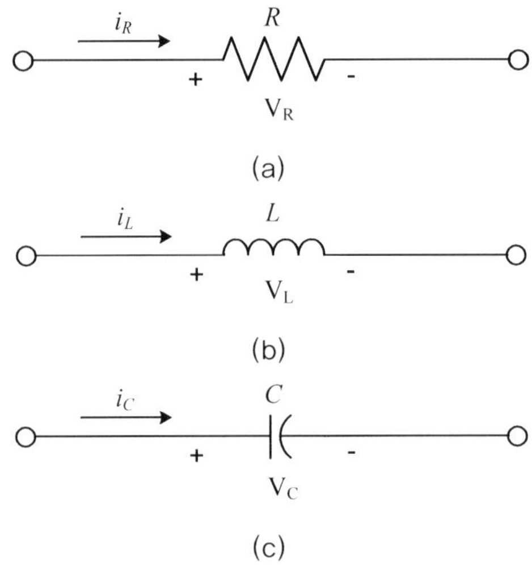

그림 1.2 R, L, C소자에서의 기준방향

또한 그림1.2는 각 수동 소자 양단에 그림과 같은 극성의 전압을 인가할 때 각 소자에 흐르는 전류를 정 방향으로 나타내기도 한다. 만약 이러한 기준방향에 근거하여 회로해석을 한 결과 어느 한 부분의 전류 혹은 전압 값이 부(-)의 값으로 얻어졌다면, 이것은 그 부분의 실제 전류나 전압의 극성이 기준방향과 반대가 된다는 것을 의미한다.

2) 능동소자의 기준방향

능동소자인 전원은 독립 전압원과 독립 전류원으로 구분되며, 전원에서의 전류 및 전압의 기준방향은 수동 소자의 경우와 다르다.

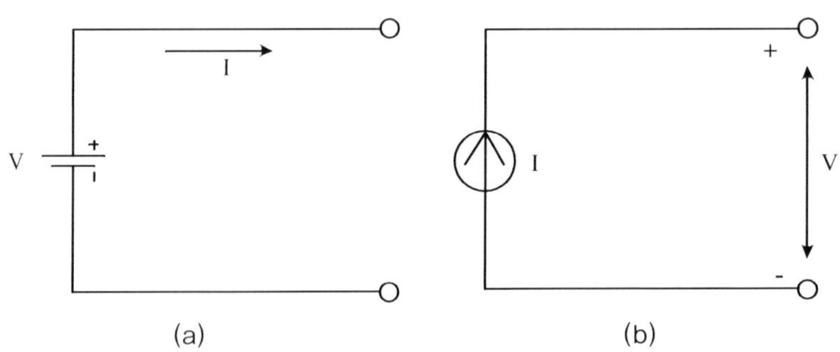

그림 1.3 독립 전압원(a)과 독립 전류원(b)

즉 회로전류가 전원을 지날 경우, 전류의 방향으로 전압 상승이 일어나기 때문에, 독립 전압원에 있어서는 그림1.3(a)와 같이 전원의 (-)극 쪽에서 (+)극 쪽으로 극성이 결정된다. 한편, 독립 전류원은 그림1.3(b)와 같이 화살표로 전류의 방향을 나타내며 전류원의 전후에 있어서 전압 상승이 되도록 전압의 극성을 표시한다.

5. 전력 및 전력량

전력은 "전기가 단위시간에 하는 일의 량", 또는 "단위시간에 변환 또는 전송되는 에너지"로 정의되고, 이에 대한 M.K.S 단위는 와트(watt: W)가 사용된다. 1[W]는 "매초 변환되는 에너지가 1[J]일 때의 전력"을 말하며, 전력을 나타내는 기호는 P(Power)이다. 그리고 전력 P는

$$P = \frac{W}{t}[W] \tag{1.6}$$

로 표현 된다.

또한 식(1.1), (1.3) 으로 부터 $W = QV$, $Q =$ 이므로 식(1.6)은

$$P = VI \tag{1.7}$$

로 표시될 수 있으며, 이로부터 $t[s]$ 동안에 변환되는 에너지 또는 전력량 W는

$$W = Pt = VIt[J] \tag{1.8}$$

이 된다.

변환되는 에너지가 시간적으로 변화하는 경우, 매 순간의 전력 즉 순시전력 P는

$$P = \frac{dw}{dt} = vi[W] \tag{1.9}$$

가 된다. 그리고 식(1.9)로부터, 시간 $t[s]$ 동안 변환되는 전체 에너지는 식(1.10)과 같이 표현될 수 있다.

$$w = \int_t^0 pdt = \int_t^0 vidt[J] \tag{1.10}$$

전력의 실용단위로는 킬로와트[KW]와 마력[HP]이 많이 쓰이며, 두 단위 사이에는 1[HP] = 746[W]의 관계가 있다. 또한 전력량의 단위로서는 와트아워[Wh]가 자주 사용된다. 그리고 1[Wh] = 3600[J]의 관계가 있다.

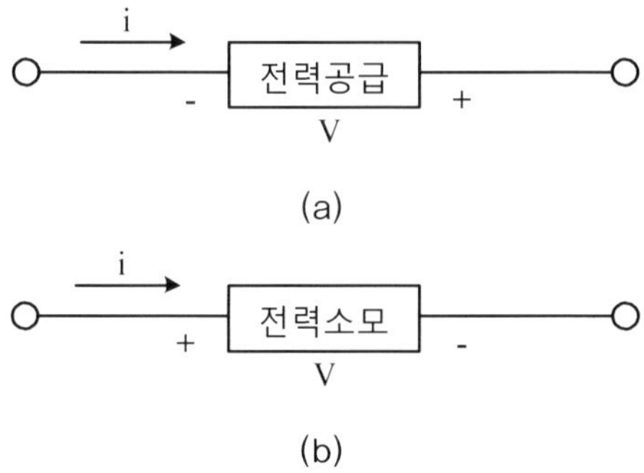

그림 1.4 전류, 전압의 기준방향과 전력

다음에는 전압, 전류의 기준방향과 전력과의 관계를 알아보자. 그림1.4(a)와 같이 전압상승의 방향으로 전류가 흐른다면 이 부분은 전원과 같은 역할을 한다고 볼 수 있으므로 회로의 이 부분에는 전기에너지 또는 전력의 발생 또는 공급이 있다. 또한 그림1.4(b)와 같이 전압강하의 방향으로 전류가 흐르고 있다면 이 부분은 부하가 작용하고 있다고 볼 수 있기 때문에 회로의 이 부분에서는 전기에너지의 소모 또는 전송이 있다고 할 수 있다.

6. 교류(AC)와 직류(DC)

그림1.5(a)과 같이 전류가 한 방향으로 만 흐르는 경우를 직류 전류(Direct Current)라고 하고 그림1.5(b)와 같이 주기적으로 극성이 반대로 변하는 전류를 교류전류(Alternating Current)라고 한다.

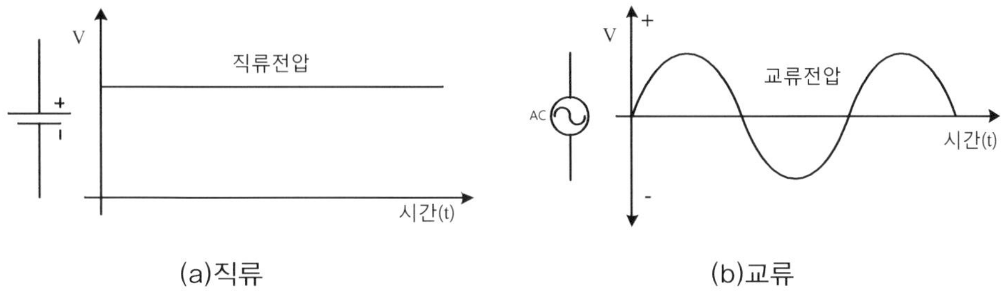

그림 1.5 직류와 교류

교류는 직류와 달리 주기적으로 극성이 변화하는데 한 번의 주기가 나타나는 시간을 교류의 주기(T)라고 하고, 1초에 몇 번의 주기가 나타나는가를 표시하는 것이 주파수이다. 주파수의 단위는 Hz(Hertz, 헤르츠)로 나타낸다. 만약 1초에 60번의 주기가 나타난다면 이 교류의 주파수는 60[Hz]가 된다.

학 습 평 가 문 제

1) 다음 용어를 설명하시오.

㉠ 전자	㉡ 전하	㉢ 전류	㉣ 전위	㉤ 전력
㉥ 전력량	㉦ 능동소자	㉧ 수동소자	㉨ 전압원	㉩ 전류원

2) 매 초당 3[C]의 전하가 이동하고 있다면 전류의 값은 얼마인가?

3) 전압, 전류, 전력의 기호는 각각 무엇인가?

4) 직류와 교류의 차이점은 무엇인가?

5) 수동소자와 능동소자의 차이점은 무엇인가?

Chapter

02 계측기 및 브레드 보드 사용법

1. 실험목적

1) 직류전원공급 장치의 사용법을 익힌다.
2) 디지털 멀티미터의 사용법을 익힌다.
3) 브레드 보드 사용법을 익힌다.

2. 관련이론

1) 직류전원공급 장치

직류전원공급 장치는 고정 직류전압과 가변 직류전압을 공급해 줄 수 있는 장치이다. 여기서 설명하는 직류전원공급 장치는 (주)ED에서 생산한 ED-330을 기준으로 설명한다. ED-330 직류전원공급 장치는 그림2.1과 같이 0~30[V]/3[A]를 공급할 수 있는 2채널의 가변 직류전원과 1채널의 고정 5[V] 직류전원을 가지고 있다.

그림 2.1 직류전원공급 장치 ED-330

그림2.1에서 보면 가운데 전원 ON/OFF 스위치가 있고 좌측과 우측에 각각 채널 A와 채널 B의 전압 노브와 전류 노브 그리고 연결단자가 보인다. 전압 노브는 전압의 크기를 조절하는 노브이며 시계 방향으로 돌리면 전압이 상승하고 반시계 방향으로 돌리면 전압이 낮아진다. 전류 노브는 공급 가능한 최대 전류의 크기를 조절하는 노브인데 전압 노브와 마찬가지로 시계방향으로 돌리면 최대 공급전류의 크기가 커진다. 만약 최대 공급전류보다 높은 부하전류를 흘리게 되면 전압표시창의 C.C LED가 점등된다. 이때는 전류 노브를 시계방향으로 돌려 최대공급전류를 증가시켜야 한다. 전압노브 아래에 있는 토글 스위치는 전압 표시창을 ON/OFF 하기 위하여 사용되는데, 이 스위치를 OFF 시켜도 전원 공급 장치는 설정된 전압을 그대로 공급하므로 사용자는 주의하여야 한다.

그리고 전원공급 장치의 채널 A와 채널 B 사이에 있는 고정 직류전원은 최대 2[A]까지 공급할 수 있는 5[V] 고정 직류전원 공급 단자이다.

이 직류 전원공급 장치를 사용할 때 주의 할 점은 부하전류가 전원공급 장치의 최대 공급 전류 이상이 되지 않도록 하여야 한다는 것이다. 만약 부하전류가 최대 공급전류보다 큰 상태가 지속되면 전원공급 장치가 파손된다.

2) 디지털 멀티미터

디지털 멀티미터는 직/교류 전압, 직/교류 전류, 저항, 다이오드 특성 등 다양한 전기적 특성을 측정할 수 있는 다기능 계측장비이며 보통 DMM(Digital MultiMeter)라고 부르기도 한다.

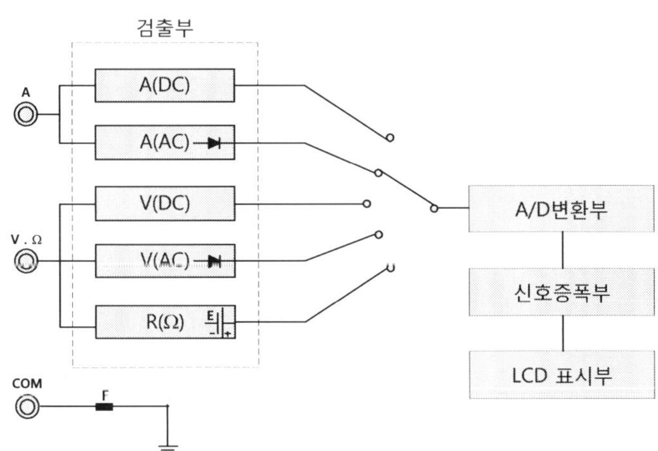

그림 2.2 디지털 멀티미터의 구조

디지털 멀티미터기는 그림2.2와 같이 크게 센서회로로 구성된 검출부, 검출된 신호의 디지털 변환을 위한 A/D 변환부, 신호 증폭을 위한 증폭부, 그리고 LCD로 구성된 표시부로 구성된다. 이러한 디지털 멀티미터는 아날로그 테스터와 비교하여 정확도가 높고, 계기판을 읽을 때 오차가 발생하지 않으며, 내부저항이 높고 각 레인지별 내부저항이 일정하다는 장점이 있는 반면 최소자리 값의 변동이 심하다는 단점이 있다.

실험에서 사용될 디지털 멀티미터는 그림2.3과 같은 ED(주)사의 디지털 멀티미터 EDM-4750이다. 이 장치는 저항, 전류, 전압을 측정할 수 있는 계측기이다. 디지털 멀티미터 EDM-4750은 4와 1/2 digits Bench 형 멀티테스터이다.

특히 EDM-4750은 측정되는 AC 전압을 dB 로도 나타낼 수 있으므로 증폭회로, Filter 회로, Line Level 등을 측정시 그 이득이나 Level를 dB로 나타낼 수도 있다. 이 EDM-4750 모델은 이공계의 실험실습 등에 적합하도록 설계된 고정밀, 저가형 디지털 멀티미터이다.

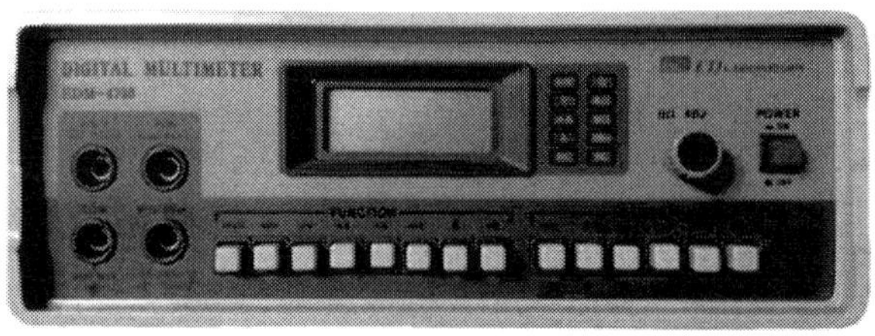

그림 2.3 디지털 멀티미터(EDM-4750)

다음은 EDM-4750의 전기적 정격과 사양을 보여준다.

• 사양

측정기능	직류 : 전압/전류, 교류 : 전압/전류, 저항,dB, Continuity
사용조건	0~40℃, 85% or Less (R.H.)
입력전원	AC 110/220V, 50/60Hz
크 기	230(W) X 80(H) X 265(D)mm
무 게	kg(Approx)

- **전기적인 정격**

직류전압

<table>
<tr><th>범 위</th><th>해상도</th><th>정밀도</th><th>임피던스</th></tr>
<tr><td>200mV</td><td>10μV</td><td rowspan="4">±0.05% reg+4dig</td><td>〉100MΩ</td></tr>
<tr><td>2V</td><td>100μV</td><td rowspan="4">10MΩ
(Approx.)</td></tr>
<tr><td>20V</td><td>1mV</td></tr>
<tr><td>200V</td><td>10mV</td></tr>
<tr><td>1000V</td><td>100mV</td><td>±0.1% reg+4dig</td></tr>
</table>

직류전류

<table>
<tr><th>범 위</th><th>해상도</th><th>정밀도</th><th>보호회로</th></tr>
<tr><td>2mA</td><td>0.1μA</td><td rowspan="3">±0.3% rdg+3dgt</td><td rowspan="5">FUSE(2A)</td></tr>
<tr><td>20mA</td><td>1μA</td></tr>
<tr><td>200mA</td><td>10μA</td></tr>
<tr><td>2000mA</td><td>100μA</td><td>±0.5% rdg+3dgt</td></tr>
<tr><td>20mA</td><td>1mA</td><td>Not specified</td></tr>
</table>

교류전압

<table>
<tr><th>범 위</th><th>해상도</th><th>정밀도</th><th>임피던스</th></tr>
<tr><td>200mV</td><td>10μV</td><td rowspan="4">±0.05% reg+4dig</td><td rowspan="5">10MΩ
(Approx.)</td></tr>
<tr><td>2V</td><td>100μV</td></tr>
<tr><td>20V</td><td>1mV</td></tr>
<tr><td>200V</td><td>10mV</td></tr>
<tr><td>750V</td><td>100mV</td><td>±0.75% reg+4dig</td></tr>
</table>

교류전류

범 위	해상도	정밀도	보호회로
2mA	0.1μA	±0.75% rdg+9dgt	FUSE(2A)
20mA	1μA		
200mA	10μA		
2000mA	100μA	±1% rdg+9dgt	
20mA	1mA	Not specified	

저 항

범 위	해상도	정밀도	Max. Input
200Ω	10mΩ	±0.2% rdg+4dgt	500V DC or 500V AC Peak
2KΩ	100mΩ		
20KΩ	1Ω		
200KΩ	10Ω		
2MΩ	0.1kΩ	±0.5% rdg+7dgt	
20MΩ	1kΩ	±0.75% rdg+7dgt	

dB INDICATE (IN AC VOLTAGE)

범위	입력전압	dBm 600Ω Ref.	정밀도
200mV	0.77mV~2mV	−60 ~ −52	±0.75 dBm
	2mV~200mV	−52 ~ −12	
2V	0.1V~2V	−12 ~ +8	±0.5 dBm
20V	1V~20V	+8 ~ +28	
200V	10V~200V	+28 ~ +48	
750V	100V~750V	+42 ~ +60	Not spec'd

① 저항계 사용법

EDM-4750를 저항계로 사용하기 위해서는 먼저 전원 스위치를 ON하고 레인지를 최대로 선택한 다음, 기능 스위치는 저항을 선택한다. 그리고 그림2.4와 같이 프루브를 측정하고자 하는 저항의 양단에 연결하면 된다. 이때 측정하고자 하는 회로의 전원은 반드시 제거하여야 한다.

② 전압계 사용법

어떤 회로에서 전압을 측정하기 위해서는 먼저 기능 스위치를 전압계로 설정하고

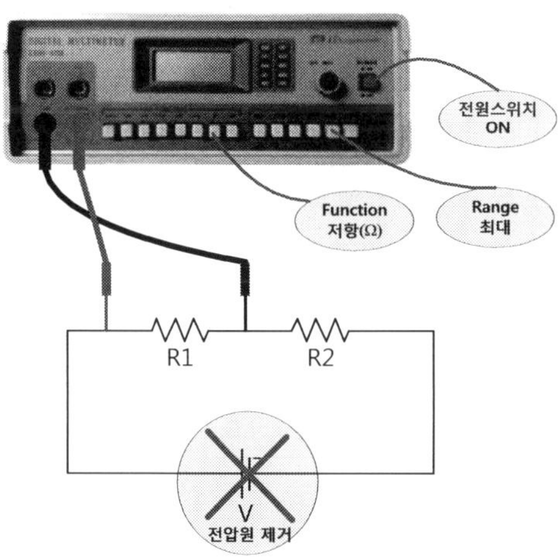

그림 2.4 저항측정

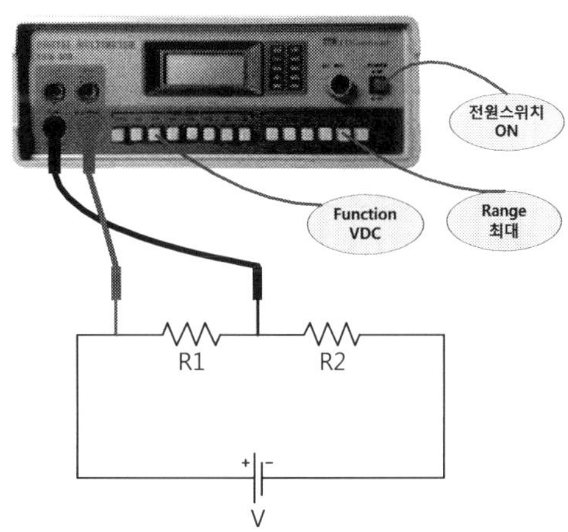

그림 2.5 전압측정

전압 레인지는 측정하고자 하는 최대전압보다 큰 값으로 설정한 후 전압계를 측정하고자 하는 부분에 그림2.5와 같이 병렬로 연결하면 된다. 이때 측정 단자의 극성을 반대로 하면 전압계에 표시되는 값이 음(-)의 값으로 나타난다. 이 경우 두 단자를 서로 반대로 해주면 된다. 또한 표시되는 값이 너무 적은 경우 레인지를 낮추어 준다.

③ 전류계 사용법

디지털 멀디미디로 전류를 측정하기 위해서는 민저 디지털 멀티미터의 기능실정을 직류 전류로 설정하고 레인지를 가장 높은 레인지로 설정한다. 그리고 측정하고자 하는 소자의 전류가 입력되는 쪽의 선로를 차단한 후 그림2.6과 같이 차단된 두 선로 사이에 디지털 멀티미터의 두 터미널 단자(+,-)를 극성에 맞게 연결하면 된다. 만약 측정값이 (-)값을 나타내면 두 터미널 단자의 위치를 바꾸어 준다. 전압 측정시와 마찬가지로 측정된 값이 너무 적으면 레인지를 낮추어 준다.

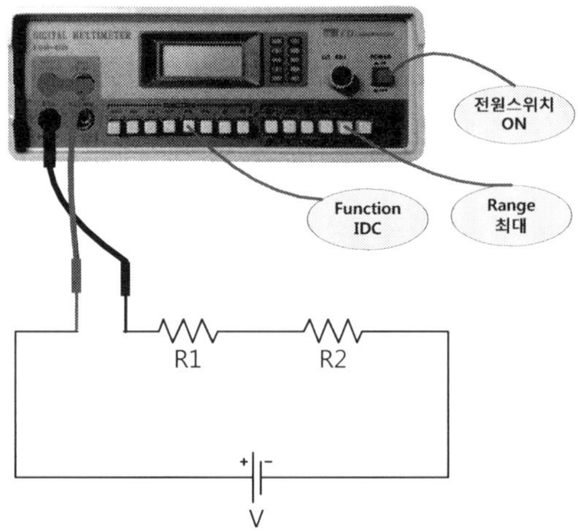

그림 2.6 전류측정

3) 브레드 보드

브레드 보드는 수동소자와 전원을 이용하여 원하는 회로를 구성 할 수 있도록 해주는 회로 연결도구이다. 그림2.7은 브레드 보드를 보여준다. 이 브레드 보드는 내부가 그림2.8과 같이 연결되어 있으므로 회로를 구성 할 때 내부 연결에 주의하여 구성하여야 한다. 그림2.9는 정상적으로 사용된 브레드 보드 예와 잘못 사용된 브레드 보드 사용 예를 보여준다.

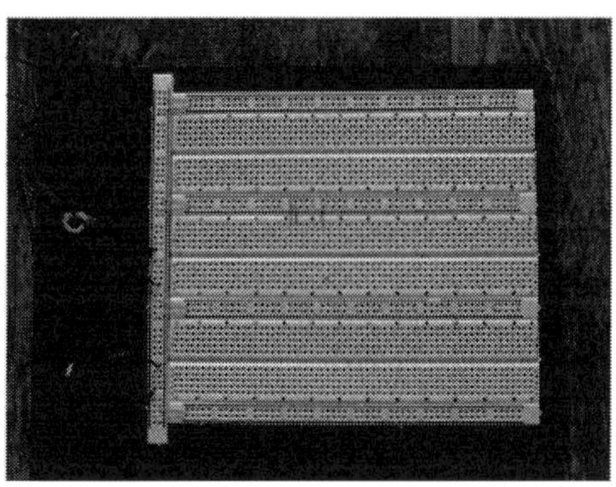

그림 2.7 브레드 보드

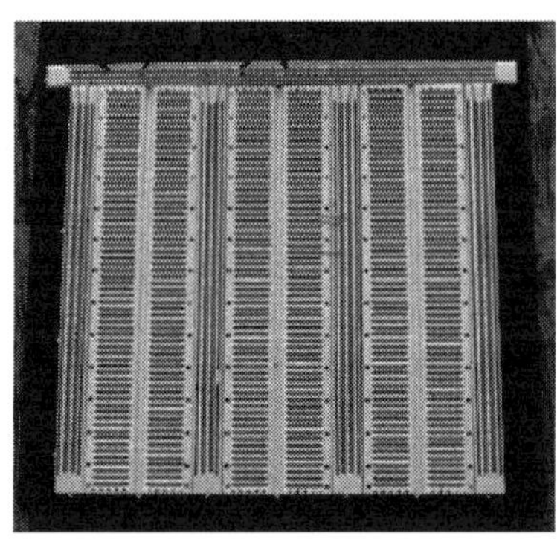

그림 2.8 브레드 보드 내부 연결도

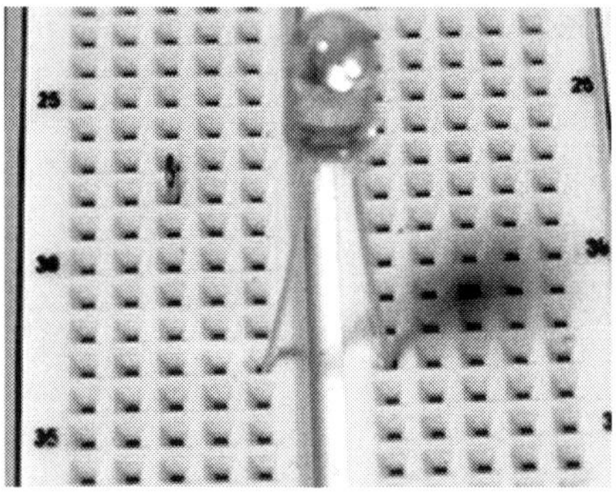

(a) 정상적인 사용 예

(b) 잘못 사용된 예

그림 2.9 브레드 보드 사용 예

3. 사용기기 및 부품

1) 직류전원공급 장치
2) 디지털 멀티미터(DMM)
3) 브레드 보드
4) 저항(1/4 W) : 330Ω, 1$K\Omega$, 2$K\Omega$, 3$K\Omega$, 10$K\Omega$, 20$K\Omega$, 30$K\Omega$, 330$K\Omega$, 680$K\Omega$,1$M\Omega$
5) 리드선

4. 실험순서

1) 저항측정

① 주어진 저항체를 디지털 멀티미터의 저항계를 이용하여 값을 측정한 후 표2.1에 기록한다.

2) 전압측정

② 브레드 보드를 이용하여 그림2.10과 같이 회로를 연결하고 표2.2에 주어진 대로 전압을 변화시켜가며 각 저항 양단 전압의 크기를 표2.2에 기록한다.

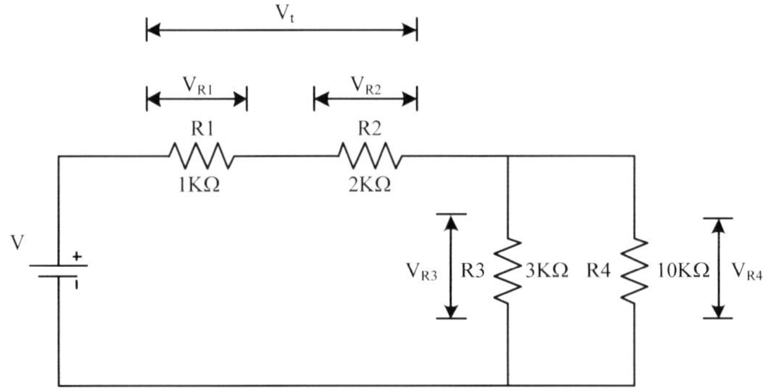

그림 2.10 전압측정 실험회로

3) 전류측정

③ 브레드 보드를 이용하여 그림2.11과 같이 회로를 연결하고, 표2.3에 주어진 대로 전압을 변화시켜가며, 각 저항에 흐르는 전류 크기를 표2.3에 기록한다.

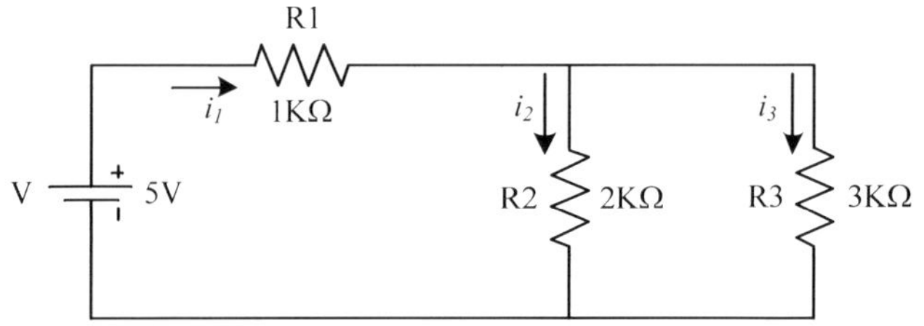

그림 2.11 전류측정 실험회로

표 2.1 저항 측정

저항체	시료1	시료2	시료3	시료4	시료5
측정치					
저항체	시료6	시료7	시료8	시료9	시료10
측정치					

표 2.2 전압측정

전압[V]	V_{R1}	V_{R2}	V_{R3}	V_{R4}	V_t
6					
9					
12					

표 2.3 전류측정

전류[mA] / 전압[V]	i_1	i_2	i_3
5			
9			
12			

학습평가 문제

1) 임의의 저항을 사용하여 다음 회로를 브레드 보드에 구현하시오.

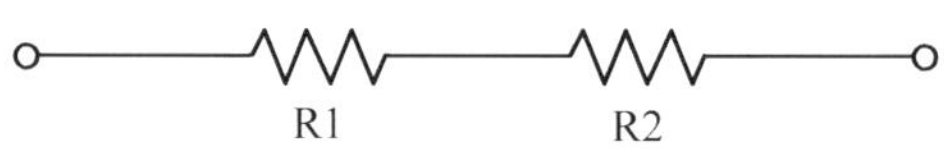

(a)

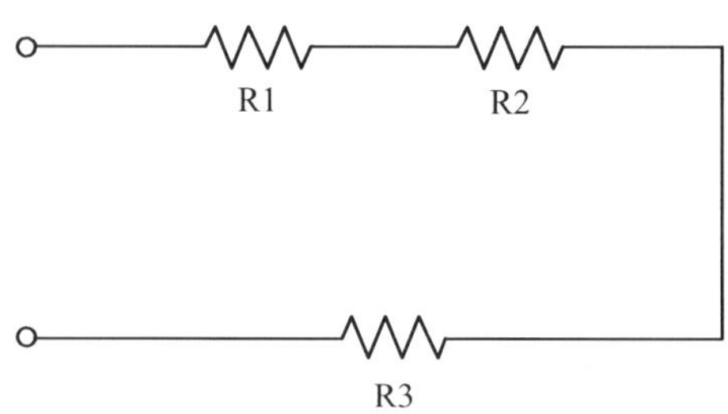

(b)

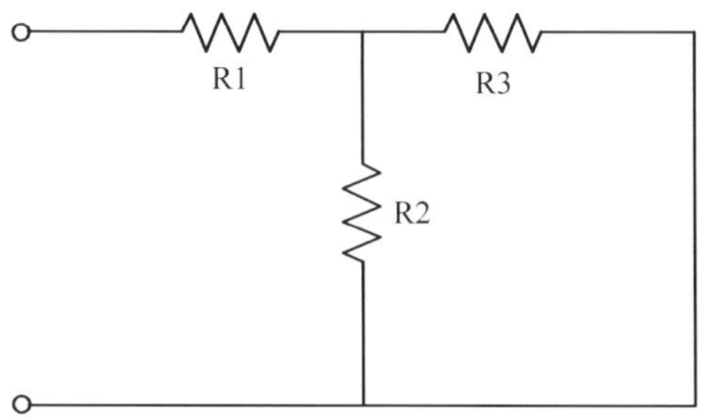

(c)

Chapter

03 저항(Resistance)

1. 실험목적

1) 칼라코드를 통하여 저항의 크기를 읽는 방법을 익힌다.
2) 디지털 멀티미터를 이용하여 저항을 측정하는 방법을 익힌다.
3) 저항의 종류와 특성을 알아본다.
4) 가변저항의 사용법을 익힌다.

2. 관련이론

어떤 물체를 통하여 전하(전자)가 이동할 때에는 항상 역학계에서의 마찰력과 비슷한 저항을 받는다. 이 저항은 전자와 전자 간 또는 물질 내의 다른 원자와의 충돌 때문에 생기며, 도체에서의 저항은 매우 낮고 부도체에서의 저항은 매우 크게 나타난다.

이러한 저항은 전류의 흐름을 제한하고 전기에너지를 열에너지로 변환한다. 물질마다 각각의 고유저항이 존재하며 저항의 단위는 독일의 물리학자인 옴의 이름을 따 옴(Ohm : Ω)을 표기 문자로는 영문자 'R'을 사용한다.

그림3.1은 저항을 나타내는 기호이다. 그림에서와 같이 저항은 고정된 값을 가지는 고정저항과 저항값을 가변시킬 수 있는 가변저항, 저항을 구성하는 재료에 따라 탄소피막저항, 솔리드 저항, 금속피막저항, 권선저항, 네트워크 저항 등으로, 저항의 소비전력에 따라 1/8[W],1/4[W], 1/2[W], 1[W] 등으로 구분 할 수 있다. 그리고 저항치의 허용오차에 따라 1% 저항, 5% 저항,10% 저항 등으로 나누어진다.

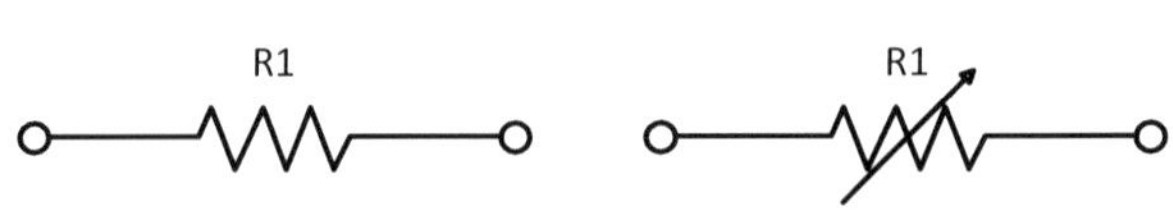

(a)고정저항 (b)가변저항

그림 3.1 저항 기호

1) 저항의 종류

① 탄소피막저항기

그림3.2는 탄소피막저항기를 보여준다. 탄소피막저항기는 원통모양의 세라믹 봉에 탄소 피막을 입혀 만든 저항기로서 가격과 성능 면에서 우수하여 일반용 저항기로 가장 많이 이용되고 있는 저항기이다. 용량별로는 1/4[W], 1/2[W], 1[W], 2[W] 등이 있다.

② 솔리드저항기

그림3.3의 솔리드저항기는 탄소분과 수지를 혼합 성형하여 만들어지는데, 나쁜 조건에서도 사용이 강하고 견고하다는 특징이 있다. 솔리드저항기는 일반적으로 2.2[Ω]의 낮은 저항치에서 22[MΩ]의 높은 저항치 까지 넓은 저항치를 가지게 할 수 있다. 그러나 가격과 특성 부분에서는 탄소피막저항기가 더 우수하다.

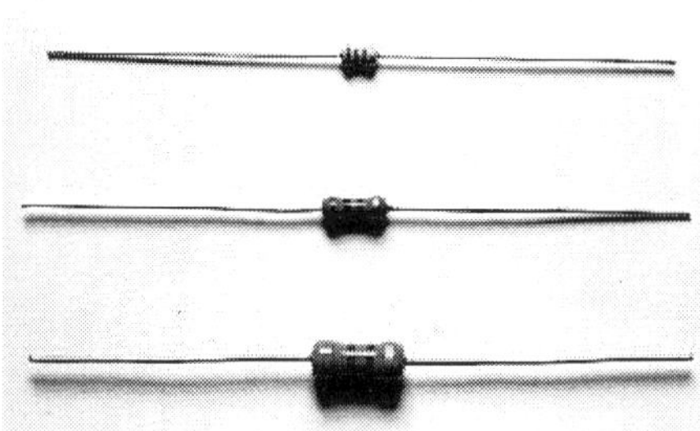

그림 3.2 탄소피막저항기

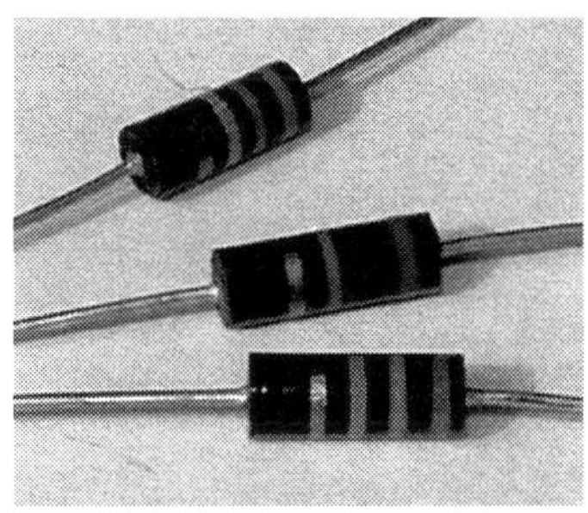

그림 3.3 솔리드저항기

③ 금속피막저항기

그림3.4의 금속피막저항기는 세라믹 봉에 Ni-Cr과 같은 금속체로 피막을 형성하여 만든 저항체로서 탄소피막저항기보다 금속피막저항기는 탄소피막저항기 보다 더 정밀한 저항값을 가지게 할 수 있고 온도변화에 따른 저항값의 변동도 낮은 우수한 특성을 가지고 있다. 그러나 금속피막저항기는 가격 면에서 탄소피막저항기보다 고가이므로 소 전력용, 정밀 저항치가 요구되는 민생 산입분야에 주로 이용되고 있다.

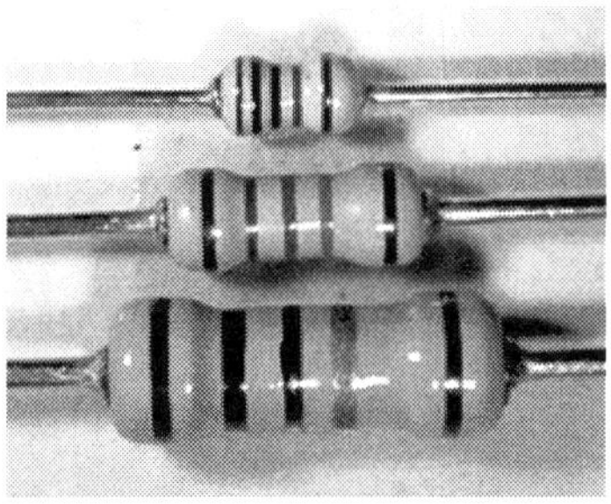

그림 3.4 금속피막저항기

그림 3.5 시멘트저항기

④ 권선저항기

그림3.6은 권선저항기를 보여 준다 권선저항기는 세라믹 봉에 금속의 가는 선이 감긴 형태의 저항을 말하는데 정밀용과 전력용 두 가지가 있다. 전력용 중에는 그림3.5와 같이 금속저항선을 스파이럴 코일한 것을 각형인 세라믹 케이스에 삽입하고 그 위에 특수 시멘트를 충전한 시멘트 저항기도 있다.

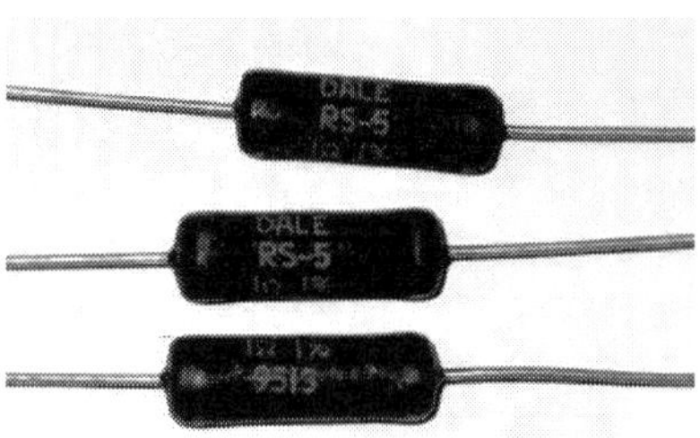

(a) 정밀용 권선저항기

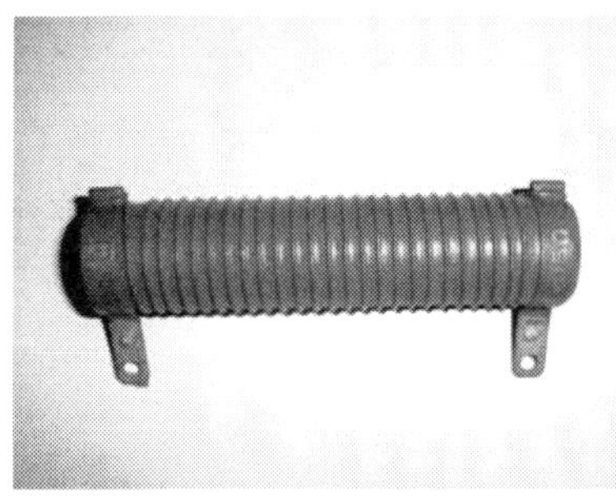

(b)전력용 권선저항기

그림 3.6 권선 저항기

⑤ 네트워크 저항

그림3.7은 네트워크 저항을 보여준다. 네트워크 저항은 여러 개의 저항기를 1개의 패키지로 정리한 복합부품의 일종으로 부품 개수의 저감, 성역화, 고밀도화 등의 장점으로 집적 전자회로 안에 주로 사용된다. 이 네트워크 저항의 주류는 스크린 인쇄에 의한 그레이즈 저항을 이용한 것으로 SIP(single inline package)와 DIP(dual inline package)가 있는데 현재는 SIP가 주류를 이루고 있다.

(a)네트워크 저항

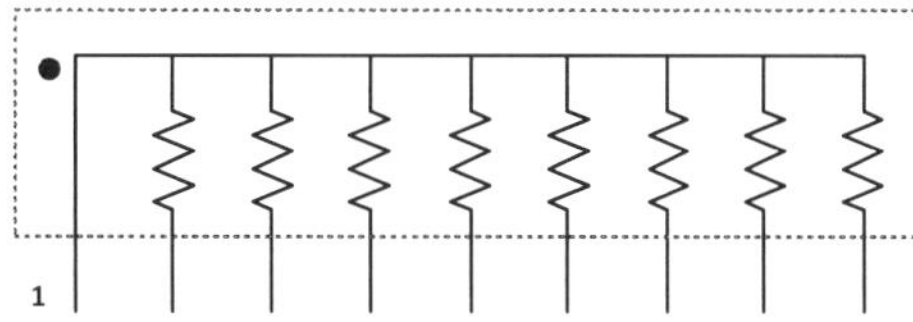

(b)네트워크 저항의 내부등가회로

그림 3.7 네트워크 저항

⑥ 가변저항기

그림3.8은 가변저항기를 보여준다. 가변저항기는 저항체의 재료에 따라 탄소피막 가변저항기, 권선형 가변저항기 등으로 구분되며, 형태에 따라 볼륨형 가변저항기, 슬라이드 가변저항기, 반고정 가변저항기, 정밀형 가변저항기 등으로 구분된다. 가변저항기는 다이얼이나 손잡이 나사 같은 볼륨을 이용하여 저항값을 조정할 수 있게 되어 있다. 가변저항은 대부분 세 개의 단자를 가지고 있다. 그림3.9는 가변저항기의 내부 등가회로를 나타낸다.

2) 저항기의 컬러코드 표시

고정저항이나 가변저항은 그 종류가 다양하기 때문에 저항 값을 표면에 표시해 주어야 하는데, 고정저항의 경우 표면에 저항 값을 직접 써주기에는 그 면적이 너무 작아서 컬러코드를 이용하고 있다.

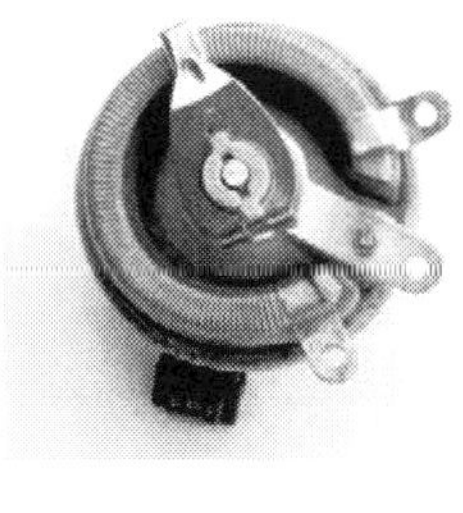

(a)권선형 가변저항기

(b)정밀형가변저항기

(c)반고정 가변저항기

그림 3.8 가변저항기

그림 3.9 가변저항기의 내부등가회로

컬러코드는 전자산업연합(Electronic Industries Alliance, EIA)에 의해 표준화 되었다. 고정저항에는 4가지나 5가지의 색을 사용하여 그림3.10과 같이 저항의 표면에 한쪽 끝부터 표시한다. 칼라코드로 표시된 저항값을 읽는 방법은 그림3.10과 같이 저항의 한쪽 끝에서 차례로 읽는다.

4색 띠의 경우, 첫 번째 값과 두 번째 값은 총 저항 값의 첫째와 둘째 자리 숫자를 나타내고, 세 번째 값은 총 저항의 10의 승수 값을 나타낸다. 그러나 10Ω 이하의 저항일 경우 세 번째 띠에 금색과 은색을 사용하는데 10의 승수만큼 나눈다는 것을 의미한다. 즉 세 번째 띠가 금색인 경우에는 앞의 두 숫자에 0.1을 곱하고 은색일 경우는 앞의 두 숫자에 0.01을 곱한다는 것을 의미한다. 네 번째 값은 저항이 만들어질 때 생산자에 의하여 정해지는 저항의 허용오차를 나타낸다. 네 번째 띠가 금색인 경우는 ±5% 오차를 나타내며, 은색의 경우는 ±10%의 오차를 나타낸다. 만일 네 번째 값이 생략되었다면 저항의 오차는 ±20%가 된다.

5색 띠의 경우는 보다 정밀한 저항을 표시하는데 사용되는데, 5색 띠에서 처음 세 개의 띠는 총저항의 첫째, 둘째, 셋째 자리 숫자를 나타내고, 4번째 띠는 10의 승수를 나타낸다. 그리고 마지막 띠는 4색 띠와 마찬가지로 저항의 허용오차를 나타낸다.

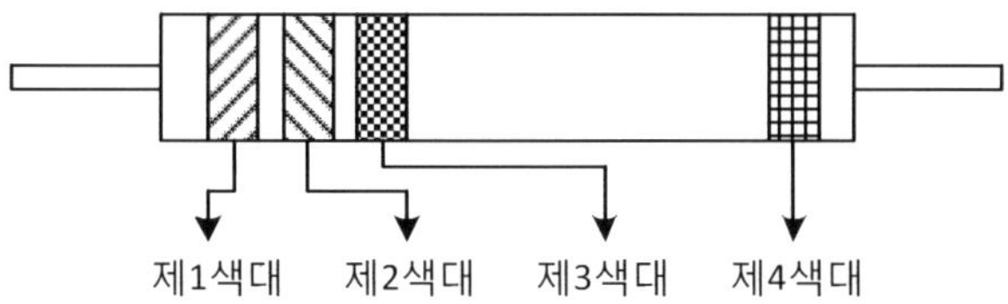

색 명	제1색대	제2색대	제3색대	제4색대
	제1숫자	제2숫자	승 수	공칭저항치허용차
흑	0	0	10^0	
갈	1	1	10^1	±1%
적	2	2	10^2	±2%
주황	3	3	10^3	
황	4	4	10^4	
녹	5	5	10^5	±0.5%
청	6	6	10^6	
자	7	7	10^7	
회	8	8	10^8	
백	9	9	10^9	
금			10^{-1}	±5%
은			10^{-2}	±10%

그림 3.10 저항의 칼라코드 표시(4색 띠)

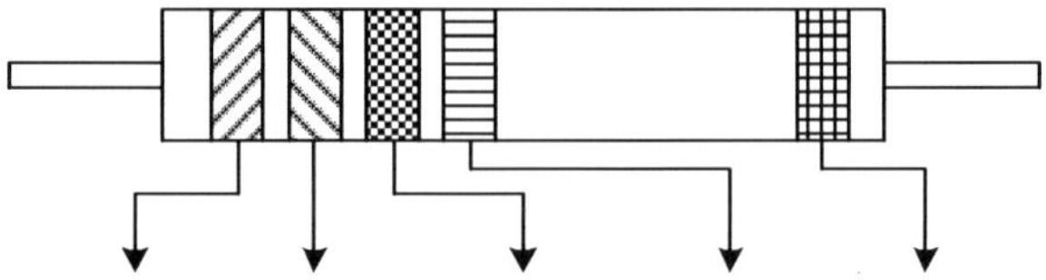

색 명	제1색대	제2색대	제3색대	제4색대	제5색대
	제1숫자	제2숫자	제3숫자	승수	공칭저항치허용차
흑	0	0	0	10^{0}	
갈	1	1	1	10^{1}	±1%
적	2	2	2	10^{2}	±2%
주황	3	3	3	10^{3}	
황	4	4	4	10^{4}	
녹	5	5	5	10^{5}	±0.5%
청	6	6	6	10^{6}	±0.25%
자	7	7	7	10^{7}	±0.1%
회	8	8	8	10^{8}	
백	9	9	9	10^{9}	
금				10^{-1}	±5%
은				10^{-2}	±10%

그림 3.11 저항의 칼라코드 표시(5색 띠)

3. 사용기기 및 부품

1) 직류전원공급 장치
2) 디지털 멀티미터(DMM)
3) 브레드 보드
4) 저항(1/4[W],5%) : 330Ω, 2$K\Omega$, 10$K\Omega$, 20$K\Omega$, 30$K\Omega$, 330$K\Omega$, 680$K\Omega$, 1$M\Omega$
   저항(1/4[W],1%) : 330$K\Omega$, 10$K\Omega$, 20$K\Omega$, 30$K\Omega$, 330$K\Omega$, 680$K\Omega$, 1$M\Omega$
   정밀가변저항 : 6$K\Omega$
5) 리드선

4. 실험순서

① 주어진 저항체(1/4[W], 5%)의 칼라코드를 읽어 그 저항값을 표3.1의 "칼라코드"란에 기록한다.

② 주어진 저항체를 디지털 멀티미터의 저항계를 이용하여 값을 측정한 후 표3.1의 "측정치"란에 기록 한다.

③ 다음식에 의하여 칼라코드에 의한 저항값과 측정치와의 백분율 오차를 구하여 표3.1의 "백분율오차"란에 기록한다.

$$\text{백분율 오차} = \frac{(\text{측정치} - \text{칼라코드값})}{\text{측정치}} \times 100 \qquad (3.1)$$

④ 주어진 저항체(1/4[W], 1%)의 칼라코드를 읽어 그 저항값을 표3.2의 "칼라코드" 란에 기록한다.

⑤ 주어진 저항체를 디지털 멀티미터의 저항계를 이용하여 값을 측정한 후 표3.2의 "측정치"란에 기록 한다.

⑥ 식(3.1)에 의하여 칼라코드에 의한 저항값과 측정치와의 백분율 오차를 구하여 표3.2 의 "백분율 오차"란에 기록한다.

⑦ 그림3.12와 같이 회로를 구성하고 가변저항을 조정하여 전체저항 R_T가 1$K\Omega$, 2$K\Omega$, 3$K\Omega$, 4$K\Omega$, 5$K\Omega$이 되도록 한다.

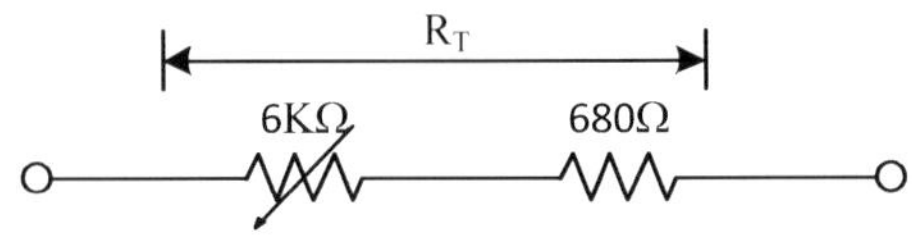

그림 3.12 가변저항 실험회로

표 3.1 저항 측정(1/4[W], 5%)

저항체	시료1	시료2	시료3	시료4
칼라코드				
측정치				
백분율오차				
저항체	시료5	시료6	시료7	시료8
칼라코드				
측정치				
백분율오차				

표 3.2 저항 측정(1/4[W], 1%)

저항체	시료1	시료2	시료3	시료4
칼라코드				
측정치				
백분율오차				
저항체	시료5	시료6	시료7	시료8
칼라코드				
측정치				
백분율오차				

학 습 평 가 문 제

1) 다음 칼라코드의 저항값은 얼마인가?

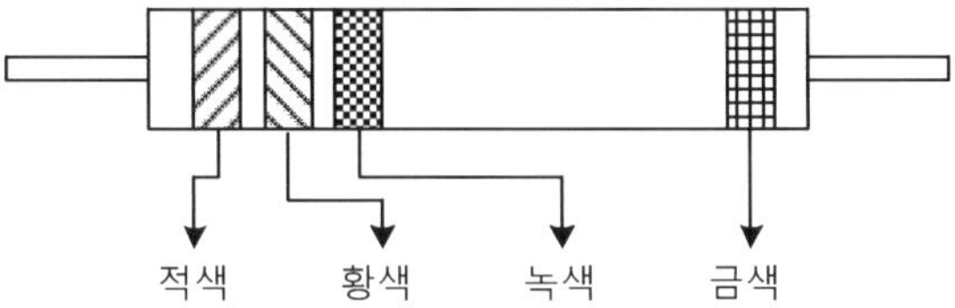

(a)

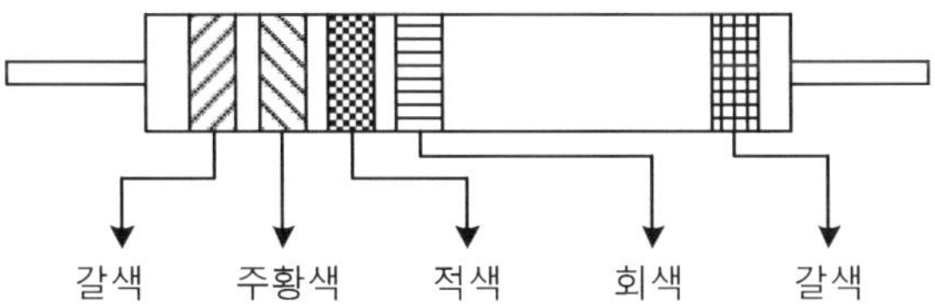

(b)

2) 저항의 종류와 특성에 대하여 기술하시오.

3) 회로에서 저항이 하는 역할은 무엇인가?

4) 가변저항의 사용법을 설명하시오.

5) 저항에 허용 전류보다 많은 전류가 흐르면 어떻게 되는가?

Chapter

04 옴의 법칙, 전력 및 에너지

1. 실험목적

1) 옴의 법칙을 실험을 통하여 이해하고 확인한다.
2) 전력/전력량의 정의와 계산방법을 알아본다.
3) 직류전압계와 직류전류계의 사용법을 익힌다.

2. 관련이론

1) 옴의 법칙

옴의 법칙은 1826년 Georg Simon Ohm에 의하여 발견된 법칙으로 전류와 전압, 저항과의 관계를 나타낸다. 즉, 전류가 흐르는 저항 양쪽 두 단자 사이의 전압강하는 그 전류값과 저항 크기의 곱으로 표현 할 수 있다는 것이다. 예를 들어 그림4.1(a)와 같이 저항에 전류가 흐를 경우 저항 양단에 나타나는 전압강하(V)는 그림4.1(b)에 표시된 것처럼 도체에 흐르는 전류(I)의 크기에 비례한다.

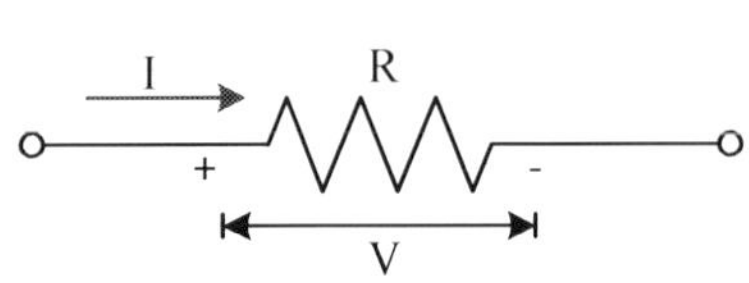

(a)

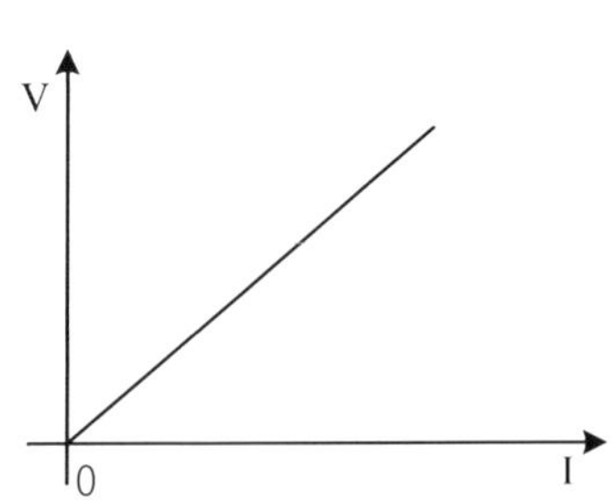

(b)

그림 4.1 도체의 전압, 전류 특성

결국 옴의 법칙은 "도체에 흐르는 전류는 인가된 전압에 비례하고 저항에 반비례 한다"는 것을 알려 주는 법칙이다. 이것을 식으로 표현하면 식(4.1)과 같다.

$$I = \frac{V}{R}[A] \tag{4.1}$$

또는 $V = I \times R$

2) 전력 및 전력량

전력은 전기가 단위시간에 하는 일(에너지 변환)의 량, 즉 단위시간에 변환 또는 전송되는 에너지의 량으로 정의된다. 예를 들면, 큰 히터는 작은 히터보다 더 많은 전력을 소비하는데, 그 이유는 동일한 시간 동안에 큰 히터가 더 많은 전기 에너지를 열에너지로 변환할 수 있는 능력을 가지고 있기 때문이다. 에너지는 주울(Joule, J) 단위로 측정되고 시간은 초(s) 단위로 측정되므로, 단위 시간당 에너지 변환 또는 전송되는 량인 전력은 $[J/s]$로 측정된다. 일반적으로 전기 에너지의 단위는 $[J/s]$보다 $[W]$가 사용되며 "와트"라고 읽는다. $1[W]=1[J/s]$이므로, $1[W]$는 "매초 변환되는 에너지가 $1[J]$일 때의 전력"으로 정의된다. 따라서 변환되는 에너지를 시간적으로 표현하면, 전력 P는

$$P = \frac{W}{t}\ [W] \tag{4.2}$$

가 된다.

또한 식(1.1),(1.3)으로 부터 $W = QV$, $Q =$ 이므로 식(4.2)은

$$P = VI \tag{4.3}$$

로 표시될 수 있으며, 이로부터 $t[s]$초 동안에 변환되는 에너지 또는 전력량 W 는

$$W = Pt = VIt[J] \tag{4.4}$$

이 된다.

변환되는 에너지가 시간적으로 변화하는 경우, 순시전력 P 는

$$P = \frac{dW}{dt} = VI[W] \tag{4.5}$$

가 되며 이로부터 시간 $t[s]$ 동안 변환되는 전 에너지는

$$W = \int_t^0 Pdt = \int_t^0 VIdt[J] \tag{4.6}$$

과 같이 표현된다.
전력측정 단위인 와트[W]는 전력측정에 대한 표준을 확립하는데 도움이 되었던 "James Watt"의 성에서 따온 것이다. 그는 일일 노동시간 동안에 짐마차를 끄는 말의 평균 동력의 측정 단위로 마력을 소개하였는데 마력과 와트의 관계는 다음과 같다.

$$1[HP] = 746[W] \quad (4.7)$$

또한 전력량의 단위로서는 단위 시간당 소비전력인 와트아워[Wh]가 사용되며 1[Wh] = 3600[J]의 관계가 있다.

3) 주울의 법칙

도선에 전류가 흐르면 열이 발생하고 이 열을 이용한 것이 전기담요, 전기다리미, 전기인두, 기타 전열기이다. 전류가 흘러 발생된 열을 정량적으로 표현한 것이 주울의 법칙으로 영국의 물리학자 J.P. Joule에 의해서 1840년 발표되었다. 주울의 법칙은 다음과 같이 정의된다. 즉 "도체에 전류가 흐를 때 단위 시간에 발생하는 열량은 전류의 제곱과 도체의 전기저항의 곱에 비례한다."이것을 주울의 법칙이라고 하고 이때 발생하는 열을 "주울 열"이라 부른다. 따라서 어떤 도체에 $I[A]$의 전류가 $R[\Omega]$의 저항에 흐르면 t초간 발생한 열량H는

$$H = I^2Rt[J] \quad (4.8)$$

가 되고 단위는 주울[J] 이 된다. 1[A]의 전류가 1[Ω]의 저항에 1초간 흐를 때 발생하는 열량은 1주울[J]이 된다. 그러나 열량의 단위는 일반적으로 칼로리[cal]이 많이 사용되므로 위 식을 칼로리로 환산하면

$$1[J]=0.24[cal],1[cal]=4.2[J]$$

이므로

$$H = 0.24I^2Rt[cal] \quad (4.9)$$

로 된다.

주울의 법칙은 전기에너지를 열에너지로 변환할 때의 관계를 나타내는 것이다. 도체에 전류가 흐르면 주울 열에 의해서 도체의 온도가 상승하는데 발생 열량과 도체 표면에서 발산하는 열량이 같으면 도체의 온도는 평형이 되어 일정치를 유지하게 된다. 그러나 과도한 전류가 흐르면 도체의 온도가 점점 상승하여 도체가 파괴된다. 과도한 전류가 도체에 흐를 경우 과도한 열에 의한 도체의 파괴 현상을 이용한 소자가 있는데 이것이 바로 퓨즈이다. 퓨즈는 회로를 보호하기 위한 소자로서 허용전류 이상으로 허용시간 이상의 전류가 흐르게 되면 용융되어 회로를 차단해 주는 역할을 수행한다.

3. 사용기기 및 부품

1) 직류전원공급 장치
2) 디지털 멀티미터(DMM)
3) 브레드 보드
4) 1[W] 저항 : 56Ω, 100Ω, 220Ω, 390Ω
5) 리드선

4. 실험순서

① 그림4.2와 같이 회로를 구성한다. 이때 전압은 0[V]로 조절한다.
② 직류전원공급 장치의 전압조절 손잡이를 천천히 시계방향으로 돌려 9[V]가 되게 한다.
③ 전압계의 눈금이 9[V]를 가리킬 때 전류계의 눈금을 읽어 표4.1의 "측정전류"란에 기록한다. 동일한 과정을 3회 반복하여 측정 전류값을 기록한다.
④ 표4.1에 주어진 각각의 전압에 대하여 과정③을 반복하여 표4.1에 기록한다.
⑤ 표4.1에 주어진 각각의 전압에 대한 전류의 평균값을 계산하여 표4.1의 "평균전류"란에 기록한다.
⑥ 각 전압과 측정 저항치를 이용하여 전류를 계산하고, 표4.1의 "계산전류"란에 기록 한다.

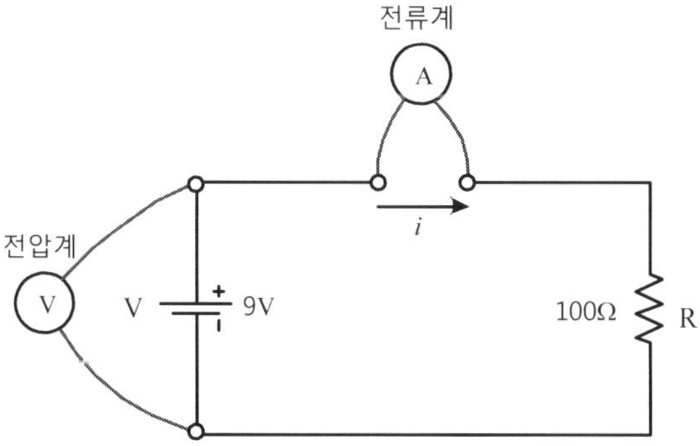

그림4.2 옴의 법칙 실험회로1

〈주의〉 만일 전압계 또는 전류계의 값이 (–) 값을 나타내면 분리하여 두 단자의 결선을 서로 반대로 접속한다.

⑦ 측정된 평균 전류값과 전압값을 이용하여 소비전력을 계산하여 표4.1의 “소비전력” 란에 기록한다.

⑧ 측정 전류의 평균값과 옴의 법칙을 이용한 계산 전류값에 대한 백분율 오차를 계산하고 표4.1의 “백분율 오차(%)” 란에 기록한다.

$$\text{백분율 오차} = \frac{\text{계산전류값} - \text{측정전류값}}{\text{계산전류값}} \times 100$$

⑨ 그림4.3과 같은 회로를 구성한다. 그리고 저항계를 이용하여 주어진 각 저항의 측정치를 구하여 표4.2의 “측정저항”란에 기록한다. 이때 전압은 0[V]로 조절한다.

⑩ 직류전원공급 장치의 전압 손잡이를 시계방향으로 돌려 5[V]의 전압을 공급하고 이때 흐르는 전류를 표4.2의 “측정전류”란에 기록한다.
표4.2에 주어진 각 저항체에 대해 그림4.3의 회로를 구성하고 과정 ⑪을 반복한다. 이때 공급전압은 5[V]로 일정하게 유지한다.

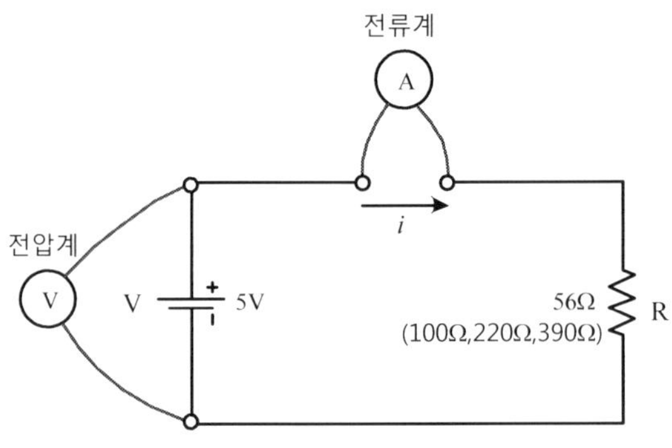

그림 4.3 옴의 법칙 실험회로2

⑪ 측정 전류와 전압값을 이용하여 소비전력을 계산하고 표4.2의 “소비전력”란에 기록 한다.

⑫ 계산에 의해 회로에 흐르는 계산 전류값를 구하고 “계산전류”란에 기록한다.
그리고 이론에 의한 계산 전류값과 측정 전류값과의 백분율 오차를 구하여 “백분율 오차”란에 기록한다.

표 4.1

100[Ω]							
공급전원[V]	측정전류[mA]			평균전류 [mA]	계산전류 [mA]	백분율 오차(%)	소비전력 [W]
	1회	2회	3회				
9.0							
6.0							
3.0							

표 4.2

공급전원 5[V]					
저항체 [Ω]	측정저항 [Ω]	측정전류 [mA]	계산전류 [mA]	백분율 오차[%]	소비전력 [W]
56					
100					
220					
390					

학 습 평 가 문 제

1) 6[Ω]의 저항에 흐르는 전류가 2.5[A]이면 이 저항 양단의 전압강하는 얼마인가?
2) 100[Ω]의 저항에서 전압강하가 12[V]이면 이 저항에 흐르는 전류는 얼마인가?
3) 어떤 저항에서의 전압강하가 6[V]이다. 이때 저항에 흐르는 전류를 1.5[mA]로 한정하기 위해 필요한 저항은 얼마인가?
4) 220[V]에서 3[A]의 전류가 흐르는 냉장고가 있다. 이때 냉장고의 저항은 얼마인가?
5) 220[V],0.9[A]용 다리미의 전기저항은 얼마인가?
6) 전열기가 220[V]에 연결되어 9.5[A]를 사용하면 전열기의 내부저항은 얼마인가?
7) 420[J]의 에너지가 10분 동안 저항에 흡수되었다면 그 저항의 소비전력은 얼마인가?
8) 어떤 기계의 소비전력이 초당 40[J/S]이다. 640[J]을 전달하는데 얼마나 걸리는가?
9) 2[W] 가로등은 8시간 동안 몇 주울의 에너지를 소비하는가?
10) 10[Ω]의 저항에 분당 300[C]의 속도로 전하를 흐르게 한다. 얼마나 많은 전력이 소비되는가?
11) 12[J]의 에너지를 소비하기 위하여 3[V]의 전압이 인가된 저항에 2[A]의 전류가 얼마동안 존재해야 하는가?
12) 4[Ω] 저항에 흐르는 전류가 7[mA]이다. 저항에 전달되는 전력은 얼마인가?
13) 4[Ω] 저항에서 64[W]의 전력이 소비되고 있다. 이때 저항을 통하여 흐르는 전류는 얼마인가?
14) 1000[Ω]/0.5[W]의 저항이 있다. 이 저항이 안전하게 동작할 수 있는 최대 전류는 얼마인가?
15) 정격이$100[V]$, $60[W]$인 백열전구의 저항값은 얼마인가? 또한 이 전구에 $90[V]$의 저항이 인가된다면 이때의 전력은 얼마인가?
16) 어떤 저항 R에 $100[V]$의 전압을 인가해서 $10[A]$의 전류가 1분간 흘렀다면 저항R에서 발생한 에너지 W [J]는 얼마인가?

Chapter

05 직렬회로

1. 실험목적

1) 직렬회로의 특성을 이해한다.
2) 직렬로 연결된 저항의 합성저항을 구하는 방법을 익힌다.
3) 전압분배법칙을 이해하고 실험을 통하여 확인한다.

2. 관련이론

1) 저항의 직렬연결과 등가 합성저항

저항은 그림5.1과 같이 2개의 단자를 가지고 있다. 이러한 2개의 단자를 가지고 있는 저항이 여러 개 있을 경우 이를 상호 연결하는 방법에는 다양한 방법이 있을 수 있다.

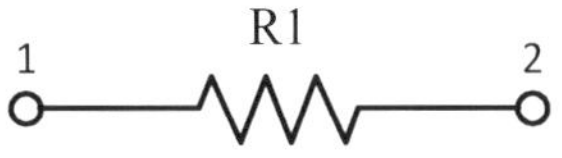

그림 5.1 저항

그 중 하나는 그림5.2와 같이 두 저항의 단자 중 하나의 단자만 서로 연결하는 방법인데 이러한 저항 연결법을 저항의 직렬연결이라 한다.

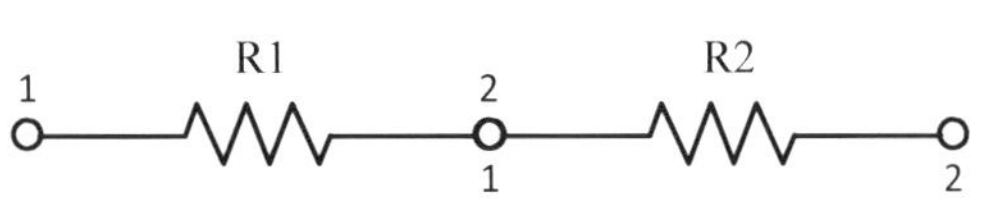

그림 5.2 저항의 직렬연결

그리고 그림5.2와 같이 저항이 직렬로 연결되어 있는 회로에 전류가 흐르게 되면, 전류가 흐를 수 있는 통로는 오직 하나 뿐이므로 R_1에 흘러 들어간 전류는 그대로 R_2로 모두 흘러 들어가게 된다. 따라서 직렬로 연결된 저항소자에 흐르는 전류는 모두 같게 된다. 또한 여러 개의 저항이 직렬로 연결된 경우 전체 저항을 구하여 하나의 저항으로 표현할 수 있는데, 이 전체 저항을 직렬 등가합성저항이라 한다.

그림5.3(a)와 같이 5Ω를 가지는 어떤 저항이 20Ω의 저항과 서로 직렬로 연결되는 경우, 단자 A, B 사이의 전체저항은 5Ω + 20Ω = 25Ω이 되고 그림5.3(b)와 같이 25Ω의 크기를 가지는 하나의 직렬 등가합성저항으로 표현 할 수 있다. 만약 n개의 저항이 직렬로 연결되어 있다면, 전체 직렬 등가합성저항은 식(5.1)에 의하여 구해진다.

$$R_T = R_1 + R_2 + \cdots\cdots R_n \tag{5.1}$$

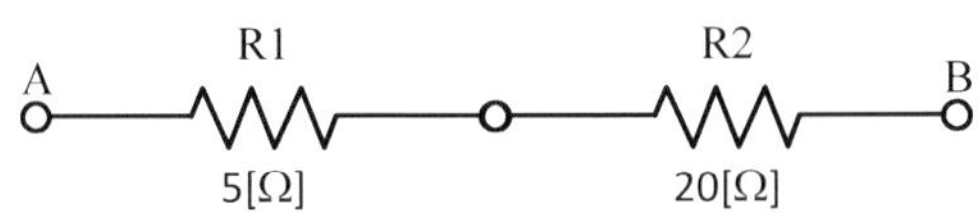

(a)직렬연결

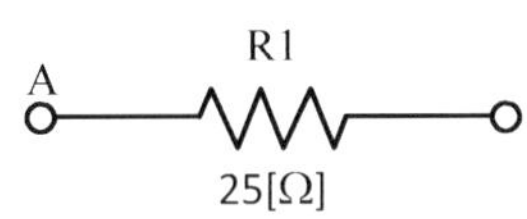

(b)직렬 등가합성저항

그림 5.3 저항의 직렬연결과 직렬 등가합성저항

2) 전압분배법칙

저항이 직렬로 연결된 직렬회로는 다음과 같은 특성이 있다.

㉠ 저항소자 양단에 걸리는 전압은 저항의 크기에 비례한다.

㉡ 직렬로 연결된 각 저항 양단 전압강하의 합은 인가된 전체전압과 같다.

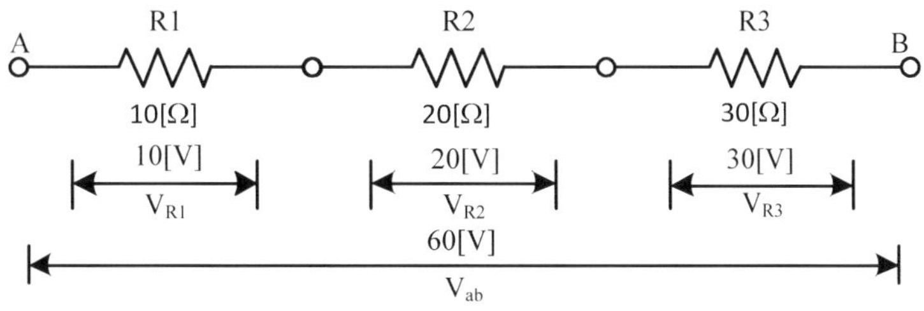

그림 5.4 직렬회로와 전압분배

예를 들면, 그림5.4에서 A, B 양단전압 V_{ab}는 직렬로 연결된 각 저항 양단 전압강하의 합과 같다. 즉,

$$V_{ab} = V_{R1} + V_{R2} + V_{R3} \tag{5.2}$$

가 된다. 여기서 저항의 크기 비와 양단 전압강하의 비를 보면 일치하게 되는데, 우선 R_1을 기준으로 R_2의 저항크기는 R_1의 2배가 된다. 그리고 V_{R2} 또한 저항비와 동일하게 V_{R1}의 2배가 된다. 마찬가지로 R_3의 크기는 R_1 크기의 3배가 되므로 양단 전압강하의 비 또한 3배가 되어 V_{R3}는 V_{R1}크기의 3배인 30 V가 된다. 이와 같이 여러 개의 저항이 상호 직렬로 연결된 경우, 각 저항에서의 전압강하 비는 각 저항 비와 동일하게 나타나게 되는데 이것을 전압분배법칙이라 한다.

그림5.5의 회로를 해석해 보자. 그림 5.5에서 전체 저항을 R_T 라고 하면

$$R_T = R_1 + R_2 \tag{5.3}$$

가 되고, 전체전류 I는 옴의 법칙에 따라

$$I = \frac{V}{R_T} \tag{5.4}$$

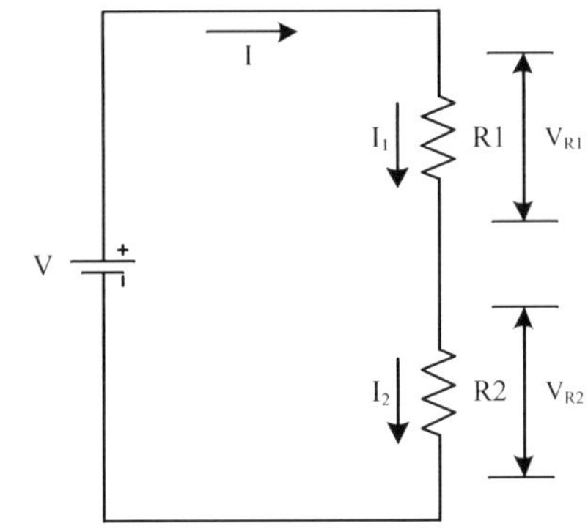

그림 5.5 전압분배법칙

가 된다.

그리고 직렬연결 회로에서 각 저항에 흐르는 전류는 모두 동일하므로, 식(5.5)와 같이 전체전류와 각 저항에 흐르는 전류는 모두 동일하다.

$$I = I_1 = I_2 \tag{5.5}$$

마지막으로 각 저항 양단 전압강하를 구하기 위하여 각 저항에 옴의 법칙과 식(5.5)를 적용하면

$$V_{R1} = I_1 R_1 = IR_1 = \frac{V}{R_T} R_1 = \frac{R_1}{R_T} V \tag{5.6}$$

$$V_{R2} = I_2 R_2 = IR_2 = \frac{V}{R_T} R_2 = \frac{R_2}{R_T} V \tag{5.7}$$

가 된다. 즉,
V_{R1}과 V_{R2}에 대한 식은 식(5.8)과 같이 일반화 될 수 있다.

$$V_x = \frac{R_x}{R_T} V \tag{5.8}$$

여기서 V_x는 R_x 양단에 걸리는 전압, V는 직렬로 연결된 소자 양단에 인가된 전압, R_T는 전체 직렬 등가합성저항이다. 따라서 전압분배법칙은 식(5.8)에서 보는바와 같이 "직렬회로에서 어떤 저항 양단에 걸리는 전압은 인가전압에 그 저항값을 곱한 것을 직렬 등가합성저항으로 나눈 값과 같다."고 정의 할 수 있다.

3. 사용기기 및 부품

1) 직류전원공급 장치
2) 디지털 멀티미터(DMM)
3) 브레드 보드
4) 저항 : 56Ω, 100Ω, 220Ω, 390Ω, 1.5$K\Omega$, 2.7$K\Omega$, 8.2$K\Omega$, 10$K\Omega$
5) 리드선

4. 실험순서

1) 저항 측정

① 그림5.6과 그림5.7의 회로에서 사용한 8개의 저항체를 저항계로 측정하여 표5.2와 표5.3 의 "측정저항"란에 기록한다.

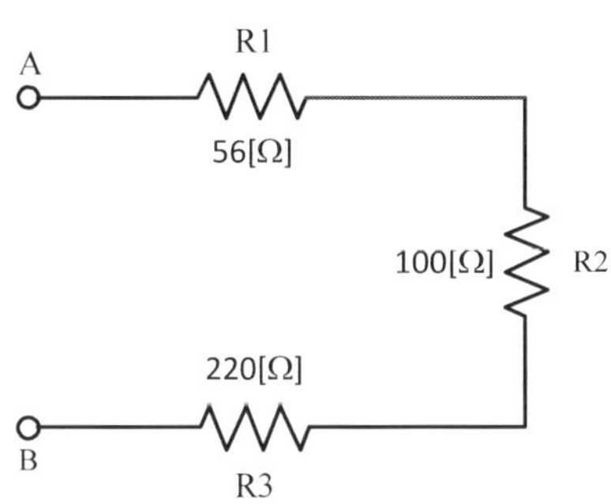

그림 5.6 전압측정(3개의 저항)

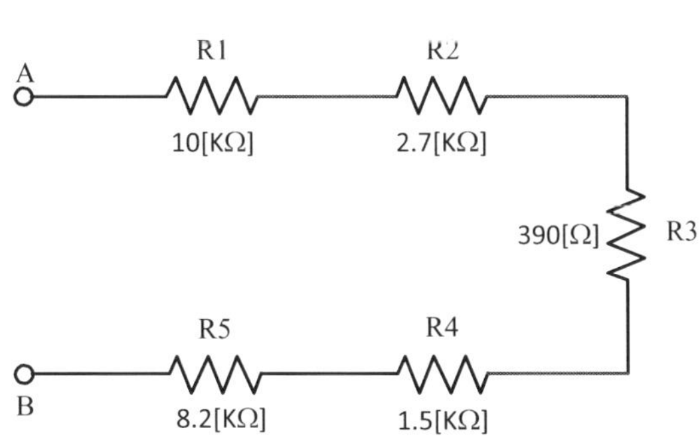

그림 5.7 직렬회로 (5개의 저항)

② 저항체를 그림5.6과 같이 연결하고 저항계로 A, B 사이의 전체 등가합성저항(R_T)을 측정하여 표5.2의 R_T란에 기록한다.

③ 저항체를 그림5.7과 같이 접속하고 저항계로 A, B 사이의 전체 등가합성저항(R_T)을 측정하여 표5.3의 R_T란에 기록한다.

2) 전압측정

④ 그림5.8과 같이 그림5.6 회로에 전원(9 V)을 연결하고 회로의 각 저항양단 전압을 측정하여 표5.2의 "측정전압"란에 기록한다.

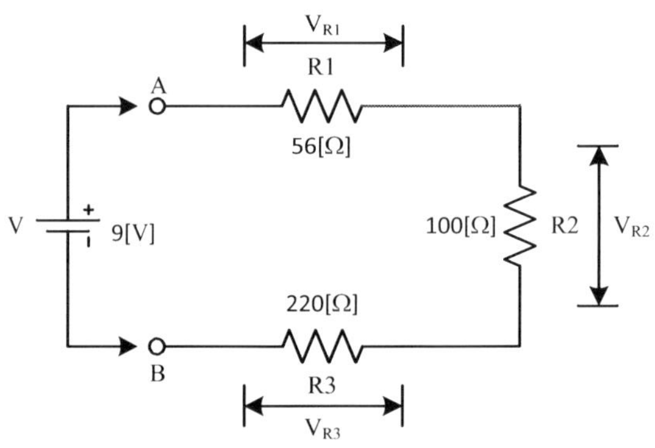

그림 5.8 전압측정(3개의 저항)

⑤ 그림5.9와 같이 그림5.7의 회로에 전원(20V)을 연결하고 회로의 각 저항양단전압을 측정하여 표5.3의 "측정전압"란에 기록한다.

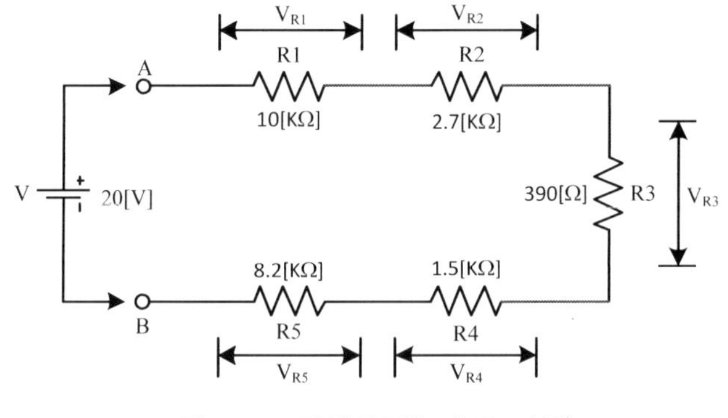

그림 5.9 전압측정(5개의 저항)

3) 전류측정

⑥ 그림5.10과 같이 그림5.6 회로에 전원(9 V)을 연결한다.
⑦ 그림5.10과 같이 A, B, C, D 지점의 전류를 측정하여 표5.1에 기록한다.
⑧ 그림5.11과 같이 그림5.7의 회로에 전원(20 V)을 연결한다.
⑨ 그림5.11과 같이 A, B, C, D, E, F 지점의 전류를 측정하여 표5.1에 기록한다.

4) 실험결과 정리와 고찰

⑩ 표5.1의 값을 이용하여 각 저항에 흐르는 전류값을 표5.2, 표5.3의 “측정전류”란에 기록 한다.
⑪ 측정된 전압값, 측정된 전류값, 그리고 옴의 법칙을 이용하여 각 저항값을 계산하고 표5.2와 표5.3에 기록한다.
⑫ ②에서 옴의 법칙에 의하여 구해진 저항값과 ①에서 저항계에 의하여 측정된 측정저항값에 대한 오차를 구하여 표5.2, 표5.3의 “백분율 오차”란에 기록한다.

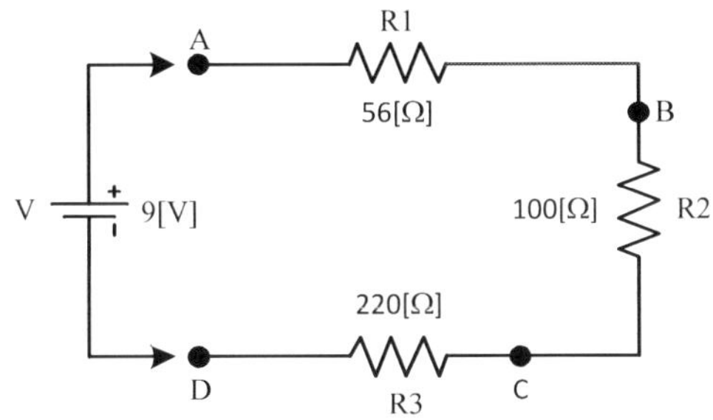

그림 5.10 전류측정(3개의 저항)

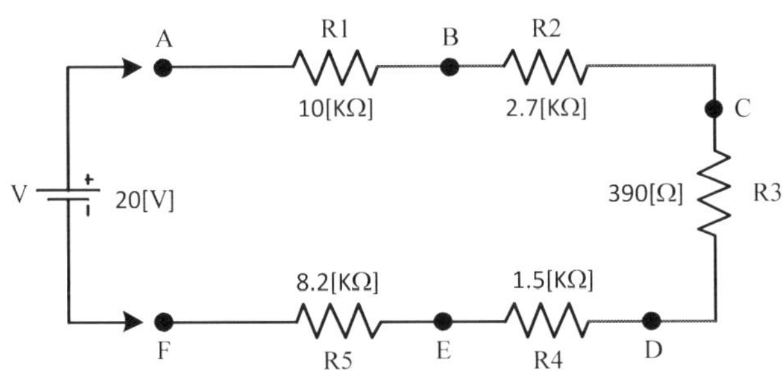

그림 5.11 전류측정(5개의 저항)

표 5.1 그림5.10, 그림5.11의 각 저항에 흐르는 전류

그림5.10	전류	I_A	I_B	I_C	I_D		
	값[mA]						
그림5.11	전류	I_A	I_B	I_C	I_D	I_E	I_F
	값[mA]						

표 5.2 그림 5.6에서의 각 저항의 측정 저항과 각 저항양단 측정전압, 측정전류

저항	측정저항	전압	측정전압	전류	측정전류 (mA)	옴의 법칙에 의한 저항	백분율 오차
R_1		V_{R1}		i_{R1}			
R_2		V_{R2}		i_{R2}			
R_3		V_{R3}		i_{R3}			
R_T		V_{RT}		i_T		$\frac{V_{RT}}{i_T}=$	

* $R_T = R_1 + R_2 + R_3$

표 5.3 그림 5.7에서의 각 저항의 측정 저항과 각 저항양단 측정전압, 측정전류

저항	측정저항	전압	측정전압	전류	측정전류 (mA)	옴의 법칙에 의한 저항	백분율 오차
R_1		V_{R1}		i_{R1}			
R_2		V_{R2}		i_{R2}			
R_3		V_{R3}		i_{R3}			
R_4		V_{R4}		i_{R4}			
R_5		V_{R5}		i_{R5}			
R_T		V_{RT}		i_T		$\frac{V_{RT}}{i_T}=$	

* $R_T = R_1 + R_2 + R_3 + R_4 + R_5$

학 습 평 가 문 제

1) 그림5.12 회로에서 전체 등가합성저항과 각 저항에 흐르는 전류를 구하시오.

2) 그림5.12 회로에서 전압분배법칙을 이용하여 각 저항 양단 전압을 구하시오.

3) 그림5.12 회로에서 각 저항에서 소비되는 소비전력을 구하시오.
$1K\Omega$, $2K\Omega$, $3K\Omega$의 저항이 각각 직렬로 연결되어 있다. 이때 이 회로에 $1A$의 류를 흘린다면 이 회로 전체에서 소비되는 소비전력은 얼마인가?

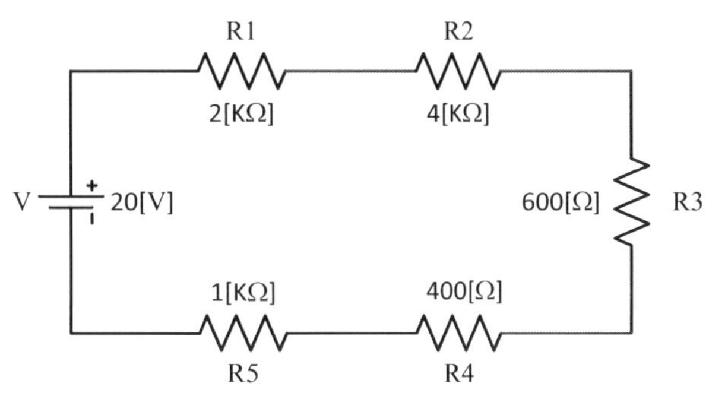

그림 5.12

Chapter

06 병렬회로

1. 실험목적

1) 병렬회로의 특성을 이해한다.
2) 병렬로 연결된 저항의 병렬 등가합성저항을 구하는 방법을 익힌다.
3) 전류분배법칙을 이해하고 실험을 통하여 확인한다.

2. 관련이론

1) 저항의 병렬연결과 병렬 등가합성저항

저항의 직렬연결과 마찬가지로 저항의 병렬연결은 여러 개의 저항 소자가 있을 때 이를 상호 연결하는 방법 중 하나로서 그림6.1과 같이 저항의 두 단자 모두가 상호 연결되는 경우를 말한다.

이렇게 저항이 병렬로 연결된 경우, 직렬연결과 마찬가지로 하나의 병렬 등가합성저항으로 표현 할 수 있는데, 만약 n개의 저항이 상호 병렬로 연결되어 있다면 그 병렬 등가합성저항은 식(6.1)과 같이 구할 수 있다.

$$\frac{1}{R_T} = \frac{1}{R_1} + \frac{1}{R_2} + \cdots\cdots + \frac{1}{R_n} \tag{6.1}$$

그림6.1에서 보면 두 개의 저항 R_1, R_2가 단자 A, B 사이에서 서로 병렬로 연결되어 있다. 이 병렬회로에서 병렬 등가합성저항을 구하여 보자.

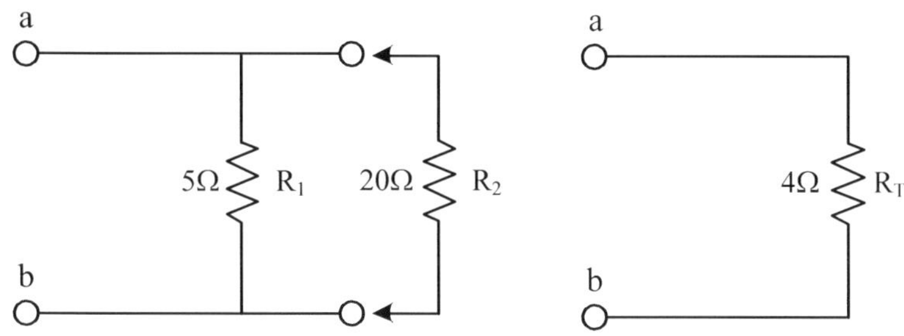

(a)병렬저항 연결 (b)병렬 등가합성저항

그림 6.1 저항의 병렬연결과 병렬 등가합성저항

식(6.1)을 사용하면, 그림6.1의 병렬 등가합성저항은

$$\frac{1}{R_T} = \frac{1}{R_1} + \frac{1}{R_2}$$

가 되고, 따라서

$$R_T = \frac{R_1 R_2}{R_1 + R_2} \qquad (6.2)$$

가 된다.

식(6.2)를 이용하여 그림6.1의 병렬 합성 등가저항을 구하여 보면

$$R_T = \frac{5 \times 20}{5 + 20} = 4\Omega$$

이 된다.

그림6.1(b)는 그림6.1(a)의 병렬 등가합성저항을 나타낸다. 그림6.1(b)에서 알 수 있듯이 어떤 저항소자 두 개가 병렬로 연결되는 경우, 그 병렬 등가합성저항은 두 개의 저항 중 낮은 저항값 보다 작게 된다. 그리고 직렬회로와는 다르게 병렬회로에서는 병렬로 연결된 모든 저항에서의 전압은 모두 동일하고, 각 저항에 흐르는 전류는 저항의 크기에 반비례하게 된다.

2) 전류분배법칙

전류분배법칙은 병렬로 연결된 저항들 각각에 전류가 어떻게 나누어 흐르게 되는지를 결정하는 법칙이다. 일단, 두 개의 저항이 상호 병렬로 연결되어 있고 저항의 크기가 동일하다면 두 저항에 흐르는 전류는 동일하다. 그러나 서로 다른 크기를 가지는 병렬저항은 서로 다른 크기의 전류를 흘리는데, 그 기본적인 원칙은 저항이 작을수록 많은 전류를 흘리고 저항이 클수록 적은 전류를 흘린다는 것이다.

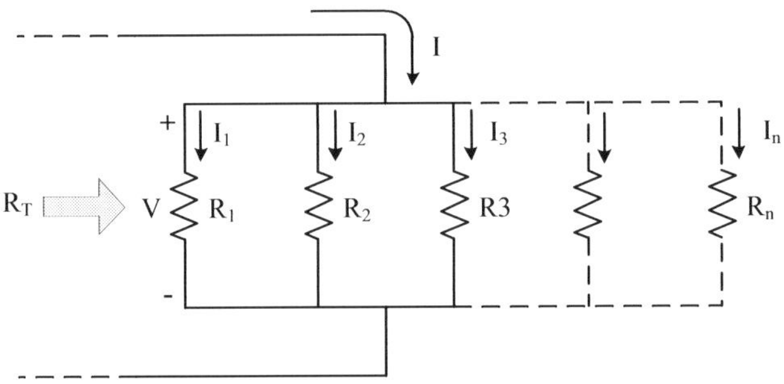

그림 6.2 n**개의 병렬회로망**

그림6.2와 같이 저항 n개가 병렬로 연결된 저항회로에서 전류가 각 저항에 분배되는 원칙을 생각해 보자. 그림6.2에서 전체 입력전류 I 는

$$I = \frac{V}{R_T} \tag{6.3}$$

;R_T 는 병렬 등가합성저항

그리고 병렬로 연결된 저항 양단전압 V는 모든 저항에서 동일하므로

$$V = V_x = I_x R_x \tag{6.4}$$

;I_x 는 병렬가지인 저항 R_x 에 흐르는 전류

가 되고, 식(6.4)를 식(6.3)에 대입하면 다음과 같은 식을 얻을 수 있다.

$$I = \frac{V}{R_T} = \frac{I_x R_x}{R_T} \tag{6.5}$$

그리고 식(6.5)로부터, 임의의 저항 R_x 에 흐르는 전류 I_x 는 식(6.6)과 같이 얻을 수 있다.

$$I_x = \frac{R_T}{R_x} I \tag{6.6}$$

다시 말해서 "임의의 병렬가지에 흐르는 전류는 병렬가지의 총 저항과 그 가지의 저항으로 나눈 입력전류의 곱과 같다." 이것을 병렬회로에서의 전류분배법칙이라 한다. 이 전류 분배법칙을 이용하면 R_1에 흐르는 전류 I_1과 R_2에 흐르는 전류 I_2는 다음과 같이 구해진다.

$$I_1 = \frac{R_T}{R_1} I \tag{6.7}$$

$$I_2 = \frac{R_T}{R_2} I \tag{6.8}$$

그림6.3과 같이 단지 두 개의 저항만이 병렬로 연결되어 있는 경우를 생각해보자.

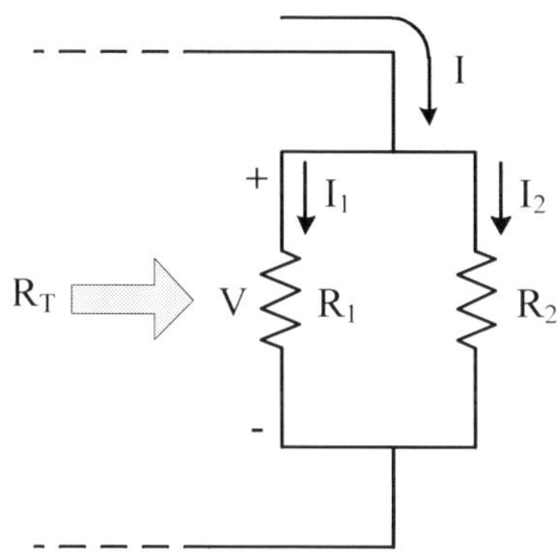

그림 6.3 두 저항의 병렬회로

여기서 전체 병렬 등가합성저항 R_T는

$$R_T = \frac{R_1 R_2}{R_1 + R_2} \tag{6.9}$$

가 된다.

그리고 R_1에 흐르는 전류 I_1은

$$I_1 = \frac{R_T}{R_1} I = \frac{\frac{R_1 R_2}{R_1 + R_2}}{R_1} I$$

와 같이 구해진다. 따라서

$$I_1 = \frac{R_2}{R_1 + R_2} I \tag{6.10}$$

가 되고, 비슷하게 I_2도

$$I_2 = \frac{R_1}{R_1 + R_2} I \tag{6.11}$$

이 된다.

그러므로 단지 두 개의 저항만이 병렬로 연결된 경우, 각각의 가지에 흐르는 전류는 두 병렬저항(총 저항이 아님)의 합으로 나눈 입력전류와 다른 병렬저항의 곱과 같다.

3. 사용기기 및 부품

1) 직류전원공급 장치
2) 디지털 멀티미터(DMM)
3) 브레드 보드
4) 저항 : 2.2$K\Omega$, 4.7$K\Omega$, 3.3$K\Omega$, 10$K\Omega$
5) 리드선

4. 실험순서

1) 저항측정

① 그림6.4, 그림6.5에서 사용된 저항값을 저항계를 사용하여 측정하여 표6.2와 표6.3의 "측정저항"란에 각각 기록한다.

② 그림6.4와 같이 저항을 접속하고 저항계로 병렬 등가합성저항을 측정하여 표6.2의 "측정한 합성저항"란에 기록한다. 이때 전원은 접속하지 않는다.

③ 그림6.5와 같이 저항을 접속하고 저항계로 병렬 등가합성저항을 측정하여 표6.3의 "측정한 합성저항"란에 기록한다. 이때 전원은 접속하지 않는다.

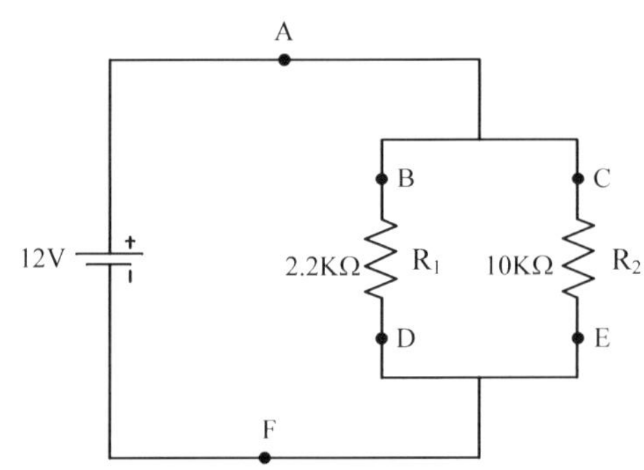

그림 6.4 2개의 병렬 소자 회로

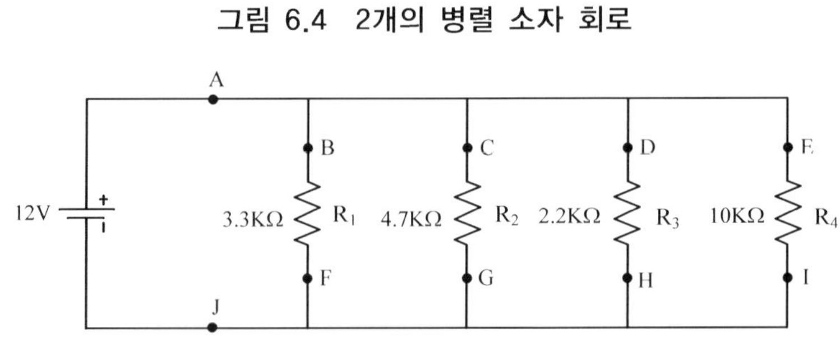

그림 6.5 여러 개의 병렬소자 회로

2) 전압측정

④ 그림6.4와 그림6.5 회로 내의 각 저항 양단전압을 측정하여 표6.2, 표6.3의 "양단전압" 란에 기록한다.

3) 전류측정

⑤ 그림6.4의 각 점 A, B, C, D, E, F에서 전류를 측정하여 표6.1에 기록한다.

⑥ 그림6.5의 각 점 A, B, C, D, E, F, G, H, I, J에서 전류를 측정 하여 표6.1에 기록한다.

4) 전력측정

⑦ 각 저항에서 소모되는 전력을 계산하여 표6.2와 표6.3의 "소모전력"란에 기록한다.

⑧ 이론치와 실험치의 오차가 10% 이내에 들지 않으면 실험을 다시 한다.

표 6.1

그림6.3											
전류 (mA)	I_A	I_B	I_C	I_D	I_E	I_F					I_B+I_C
그림6.4											
전류 (mA)	I_A	I_B	I_C	I_D	I_E	I_F	I_G	I_H	I_I	I_J	$I_B+I_C+I_D+I_E$

표 6.2

저항체	측정저항 (Ω)	양단전압 (V)	I(mA)	옴의 법칙에 의한 저항(Ω)	백분율 오차	소모전력 (watt)
R_1						
R_2						
R_1+R_2 (계산값)	측정한 합성저항 (R_T)	전체전압 (E_T)	전체전류 (I_T)	$\frac{E_T}{I_T}$	백분율 오차	소모전력

표 6.3

저항체	측정저항	양단전압 (V)	전류 (I)	옴의 법칙에 의한 저항	백분율 오차	소모전력
R_1						
R_2						
R_3						
R_5						
R_T (계산값)	측정한 합성저항 (R_T)	전체전압 (E_T)	전체전류 (I_T)	$\frac{E_T}{I_T}$	백분율 오차	소모전력

학 습 평 가 문 제

1) 그림6.6 회로의 전체 병렬합성저항을 구하시오.
2) 그림6.6 회로에서 전류분배법칙을 이용하여 각 저항에 흐르는 전류를 구하시오.

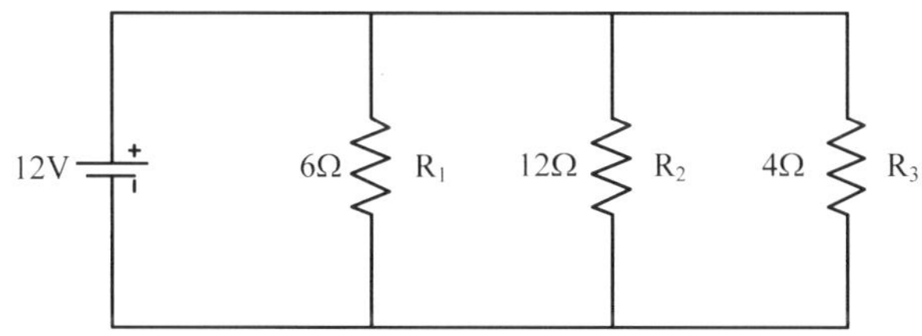

그림 6.6

3) 그림6.7 회로에서 전류분배법칙을 이용하여 각 저항에 흐르는 전류를 구하시오.

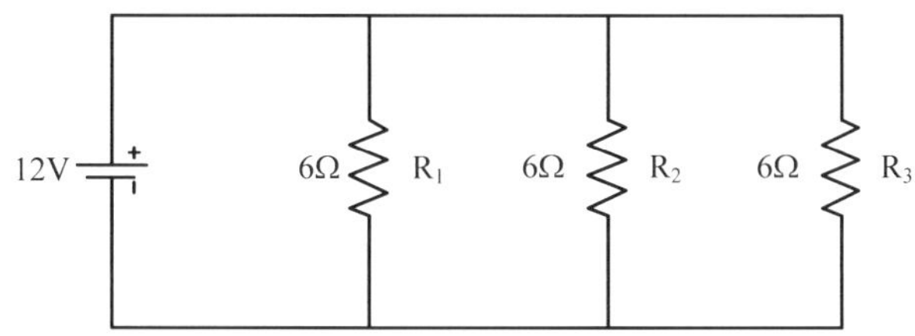

그림 6.7

4) 두 개의 저항을 병렬하여 200Ω의 저항을 얻고자 한다. 이를 위하여 한 개의 저항은 300Ω로 선정하였다. 나머지 하나는 얼마의 저항을 선택하면 되는가?
병렬로 연결된 저항의 개수를 증가시키면 전체 병렬 등가합성저항의 크기는 증가하는가? 아니면 감소하는가?

5) 100Ω의 저항 10개가 모두 병렬로 연결되어 있다. 이때 병렬 합성저항은 얼마인가?

Chapter

07 직병렬 회로

1. 실험목적

1) 직병렬 회로의 특성을 파악한다.
2) 직병렬회로에서 각 저항에 흐르는 전류를 구하는 방법을 습득한다.
3) 직병렬회로에서 각 저항 양단전압 강하를 구하는 방법을 습득한다.

2. 관련이론

직병렬 회로는 그림7.1과 같이 직렬 연결된 회로와 병렬 연결된 회로가 혼합된 회로를 말한다. 이 회로의 해석은 전체 등가합성 저항을 구하는 것으로부터 시작된다. 직병렬회로의 전체 등가합성 저항은 하나의 등가합성저항 만이 남을 때까지 직렬합성과 병렬합성을 진행해 나가면 구할 수 있다.

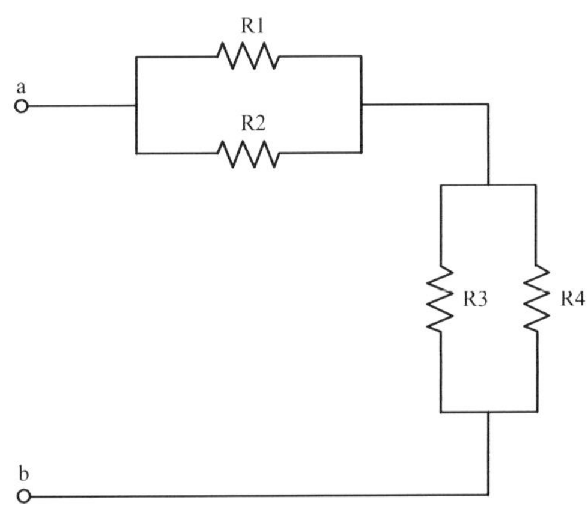

그림 7.1 직병렬 회로

그림7.1과 같은 회로에서 저항 R_1 과 R_2 , R_3 와 R_4 는 각각 병렬 연결되어 있고, R_1 과 R_2 의 합성 회로와 R_3 와 R_4의 합성회로는 서로 직렬로 연결되어 있다. 따라서 이 회로를 해석하기 위해서는 먼저 서로 병렬 연결된 R_1 과 R_2, R_3 와 R_4의 병렬 등가합성저항을 구하여 그림7.2(a)와 같은 중간 단계의 등가회로를 구성한다. 그리고 최종적으로 그림7.2(a)의 R_{T1}=(R_1//R_2), R_{T2}=(R_3//R_4)의 직렬 등가합성 저항을 구하면 전체 등가합성 저항 R_T 는 그림7.2(b)와 같이 된다.

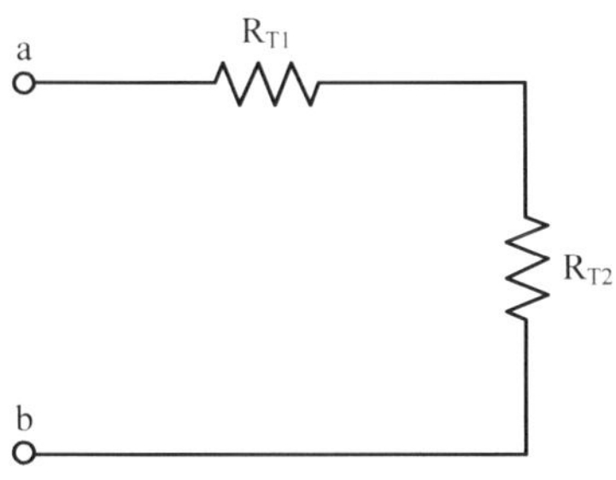

(a) 중간단계의 등가합성저항

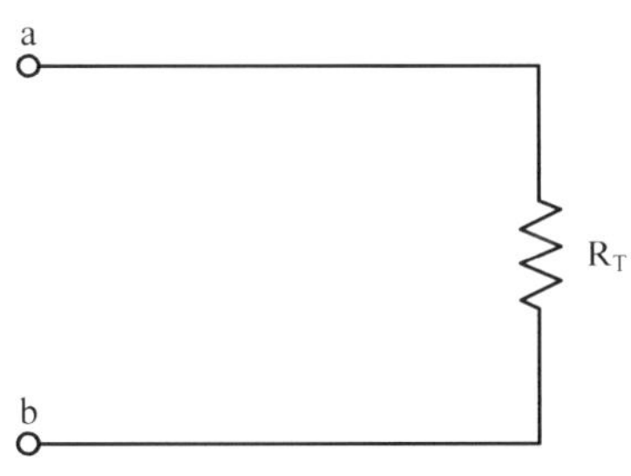

(b) 최종 등가합성저항

그림 7.2 직병렬회로의 등가합성저항

3. 사용기기 및 부품

1) 직류전원공급 장치
2) 디지털 멀티미터(DMM)
3) 브레드 보드
4) 저항 : 1.2$K\Omega$, 2.7$K\Omega$, 1.5$K\Omega$, 4.7$K\Omega$, 8.2$K\Omega$, 10$K\Omega$
5) 리드선

4. 실험순서

① 그림7.3, 그림7.4, 그림7.5 회로의 각 저항과 전체 합성저항을 측정하여 표7.1, 표7.2, 표7.3의 "측정저항"란에 각각 기록한다. 이때 전원은 제거한다.

② 각 회로의 전원을 접속하고 각 저항 양단전압과 각 저항에 흐르는 전류를 측정하여 “양단전압”, “전류”란에 각각 기록한다.

③ 실험과정 ①와 실험과정 ②의 결과와 옴의 법칙을 이용하여 저항값을 계산하여 “옴의 법칙에 의한 저항” 란에 기록한다.

④ 옴의 법칙에 의해 계산된 저항값과 측정된 저항값의 오차율을 구하여 “백분율 오차”란에 기록한다. 이때 이론치와 실험치의 백분율 오차값이 5% 이상인 경우 실험을 다시 한다.

⑤ 전류 및 전압의 측정값과 이론값에 대해서도 과정④에서와 같이 백분율 오차를 구하여 표를 만들고 기록한다.

⑥ 그림7.4에서 R_4을 제거하고 단락 시켰을 때 전체 전류를 계산한다.

⑦ 그림7.5에서 R_2을 제거하고 단락 시켰을 때 전체 전류를 계산한다.

⑧ 그림7.5에서R_5을 제거 시켰을 때 전체 전류를 계산한다.

⑨ 과정 ⑧에서 R_2에 걸리는 전압은 얼마인가.

⑩ 100[$K\Omega$]의 저항을 그림7.3의 R_1과 병렬로 접속하면 전체 전류는 얼마가 되는가.

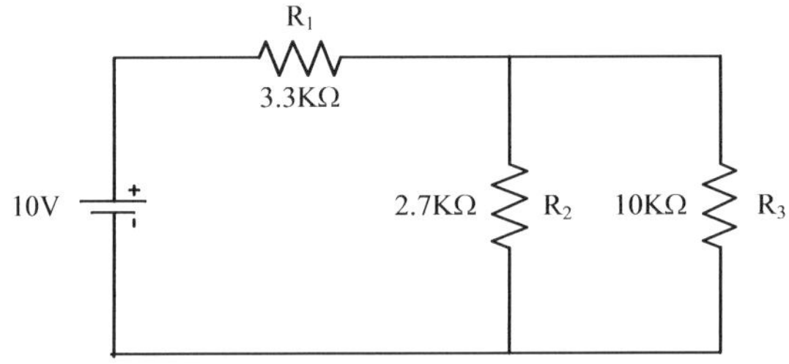

그림 7.3 직병렬 실험회로1

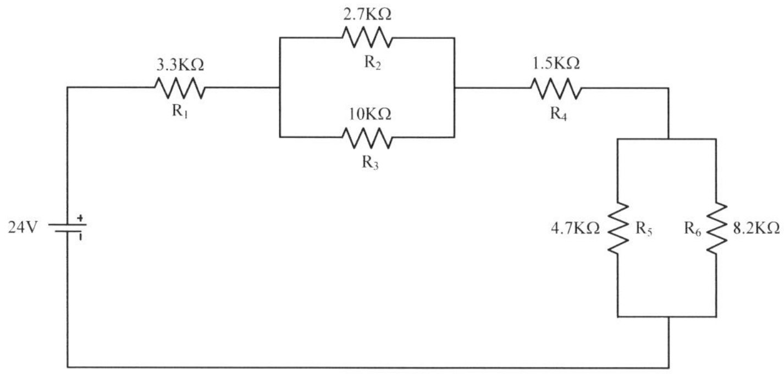

그림 7.4 직병렬 실험회로2

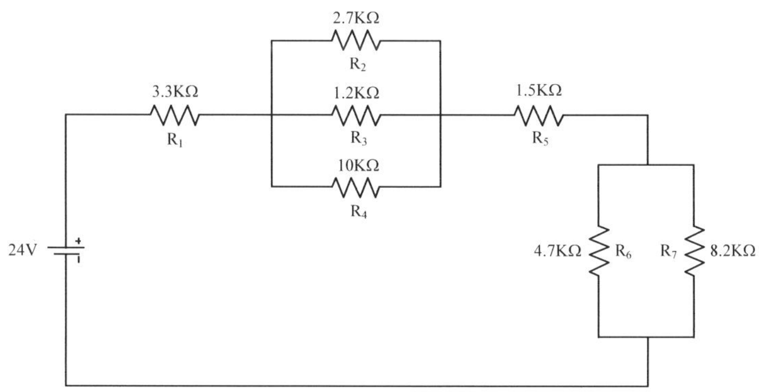

그림 7.5 직병렬 실험회로3

표 7.1

저항체	측정저항 (Ω)	양단전압 (V)	전류 I(mA)	옴의 법칙에 의한 저항(Ω)	백분율 오차	소모전력 (watt)
R_1						
R_2						
R_3						
R_1+R_2 (계산값)	측정한 합성저항 (R_T)	전체전압 (E_T)	전체전류 (I_T)	$\frac{E_T}{I_T}$	백분율 오차	소모전력

표 7.2

저항체	측정저항 (Ω)	양단전압 (V)	전류 I(mA)	옴의 법칙에 의한 저항	백분율 오차	소모전력
R_1						
R_2						
R_3						
R_5						
R_6						
R_T (계산값)	측정한 합성저항 (R_T)	전체전압 (E_T)	전체전류 (I_T)	$\frac{E_T}{I_T}$	백분율 오차	소모전력

표 7.3

저항체	측정저항 (Ω)	양단전압 (V)	전류 I(mA)	옴의 법칙에 의한 저항	백분율 오차	소모전력
R_1						
R_2						
R_3						
R_4						
R_5						
R_6						
R_7						
R_T (계산값)	측정한 합성저항 (R_T)	전체전압 (E_T)	전체전류 (I_T)	$\frac{E_T}{I_T}$	백분율 오차	소모전력

학 습 평 가 문 제

1) 그림7.6 회로에서 각 저항의 직병렬 관계를 설명 하시오.

2) 그림7.7 회로의 전체 합성저항과 전체전류를 구하시오.

3) 그림7.7 회로에서 각 A, B, C 점의 전압과 각 저항에 흐르는 전류를 구하시오.

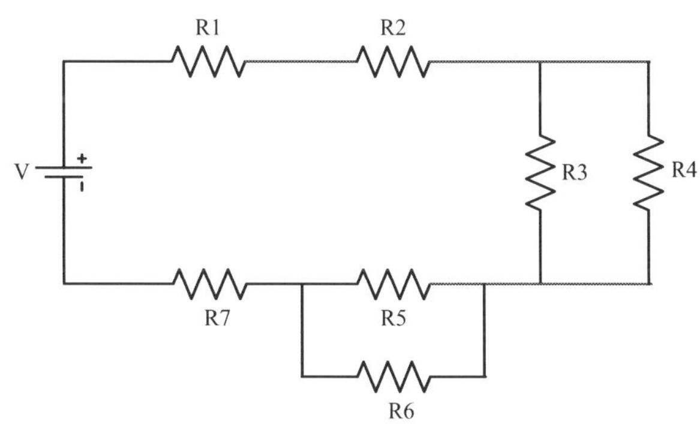

그림 7.6

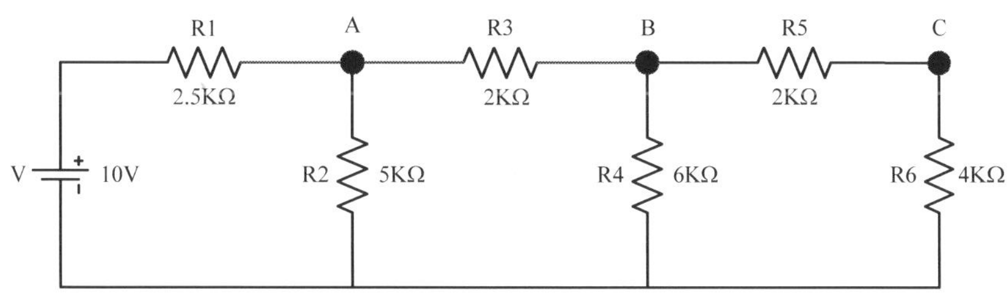

그림 7.7

08 Chapter 키르히호프 전압법칙과 망로 해석법

1. 실험목적

1) 키르히호프 전압법칙의 기본개념을 이해한다.
2) 키르히호프 전압법칙을 실험을 통하여 확인한다.
2)망로 해석법을 실험을 통하여 이해한다.

2. 관련이론

간단한 직병렬 회로는 옴의 법칙을 사용하여 쉽게 해석할 수 있다. 그러나 전압원과 전류원이 다수 포함된 복잡한 회로의 경우, 옴의 법칙으로는 해결하기 어려운 경우가 있다. 이러한 복잡한 회로를 해석하기 위해서는 별도의 방법이 필요한데, 키르히호프의 전압법칙과 망로 해석법은 이러한 복잡한 회로를 해석하는데 있어 매우 유용하게 사용될 수 있다.

1) 키르히호프 전압법칙

키르히호프 전압법칙은 1845년 구스타프 키르히호프(Gustav Kirchhoff)가 처음으로 기술한 "전기회로에서의 전하량과 에너지 보존을 다루는 2개의 이론식"중 하나이다. 간단히 설명하면 이 법칙은 "어떤 회로망에서 임의의 폐회로망을 한 방향으로 일주하며 전압상승의 합과 전압 강하의 합을 각각 구했을 때, 전압상승의 합과 전압강하의 합은 같다."는 것이다. 이것을 수식으로 표현하면 다음과 같다.

$$\sum_{K=1}^{n} V_K = 0 \tag{8.1}$$

;n은 측정된 전체전압의 개수

그림8.1에서 키르히호프의 전압 법칙을 적용시켜 보면

$$\sum_{k=1}^{n} V_k = V - V_1 - V_2 - V_3 = 0 \qquad (8.2)$$

가 된다.

즉, 전압원에서는 전압 상승이 발생되고 저항에서는 전압강하가 발생되므로, 전압상승은 (+), 전압강하는 (-) 부호를 적용하여 주어진 폐회로에 키르히호프 전압법칙을 적용하면 식 (8.2)이 된다.

키르히호프의 전압법칙을 적용할 때 고려할 사항은 다음과 같다. 우선 적용하려는 폐회로에 대해서 전류 순환루프(loop)를 그리고, 이 루프의 순환방향을 기준방향으로 정한다. 그리고 이 폐회로에서 순환루프를 따라 키르히호프의 전압법칙을 적용시키면 되는데, 이때 폐회로 각 부분의 저항에 흐르는 전류방향과 기준이 되는 순환루프 방향을 비교해서 방향이 일치하면 부호를(+)로, 반대이면 부호를 (-)로 한다. 그리고 폐회로 중의 기전력도 각 기전력의 방향과 기준방향이 일치되면 (+)로, 반대이면 (-)로 하면 된다.

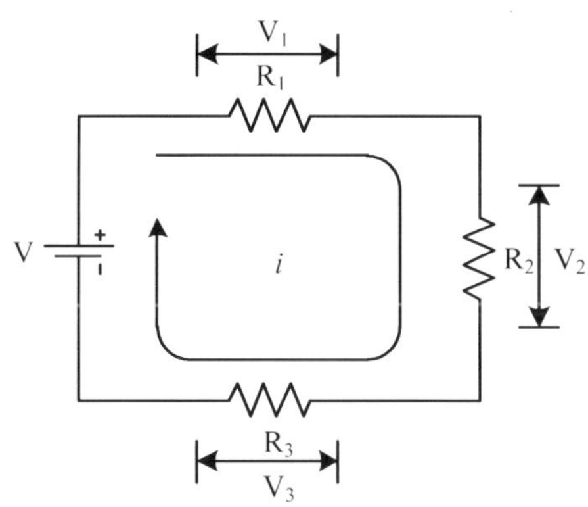

그림 8.1 키르히호프의 전압법칙

2) 망로 해석법(Mesh Analysis)

대부분의 간단한 직병렬회로는 옴의 법칙을 사용하여 해석 할 수 있지만, 다수의 전원과 많은 지로를 포함한 복잡한 회로망은 옴의 법칙을 사용할 경우 시간이 많이 걸리거나 또는 해석이 불가능한 경우도 있다. 이러한 경우 망로 해석법을 사용하면 계산과정을 간단하게 해 주어 쉽게 회로를 해석 할 수 있다.

망로 해석법은 키르히호프 전압법칙을 독립 폐회로에 적용한 회로 해석법으로, 망 내를 순환하는 망 전류는 가지 분기점에서 나누어지지 않는다고 가정하는 것이다. 따라서 망로 해석법에서의 망 전류는 가상의 전류가 된다. 하지만 망 전류를 알면 각각의 모든 전류와 전압을 구할 수 있다. 망로 해석법은 다음의 절차에 따라 진행된다.

① 독립 폐회로에 시계방향(또는 반시계 방향)으로 가상의 폐회로 전류(망 전류) 흐름을 표시 한다.
② 폐회로 내에 흐르는 전류에 의한 각 저항에서의 전압강하를 나타내는 극성을 표시한다. 여기서 주의할 점은 각 폐회로 내의 저항에 흐르는 전류가 다른 망 전류와 중복되는 경우 극성 표시를 모두 해 준다.
③ 시계방향(또는 반시계 방향)으로 키르히호프 전압법칙을 적용한다.
이 때 하나의 저항에 흐르는 전류가 둘 이상인 경우, 키르히호프 전압법칙을 적용 할 때, 저항에 흐르는 총 전류는 키르히호프 전압법칙을 적용 중인 폐루우프 내의 전류와 다른 폐회로의 전류 방향이 같으면 서로 더해주고 전류의 방향이 다르면 서로 빼준다. 그리고 전압원의 극성은 폐회로 내의 전류방향에 영향을 미치지 않는다.
④ 각 폐회로에 키르히호프 전압 법칙을 적용하여 얻어진 방정식을 풀어 각 폐회로의 전류를 구한다.

그림8.2의 회로를 망로 해석법을 이용하여 위에서 언급한 순서대로 해석해 보자.

단계 ① : 두 폐회로1, 2에서 가상의 망전류 I_1, I_2를 표시한다. (시계방향으로 설정)
단계 ② : 전류의 흐름에 의한 저항에서의 전압강하 극성을 모두 표시한다.
단계 ③ : 키르히호프 전압법칙을 각 폐회로에 적용하여 방정식을 얻는다.

폐회로 1 : $-R_1I_1 - R_2(I_1 - I_2) - V_2 + V_1 = 0$

폐회로 2 : $-R_2(I_2 - I_1) - R_3I_2 + V_2 = 0$

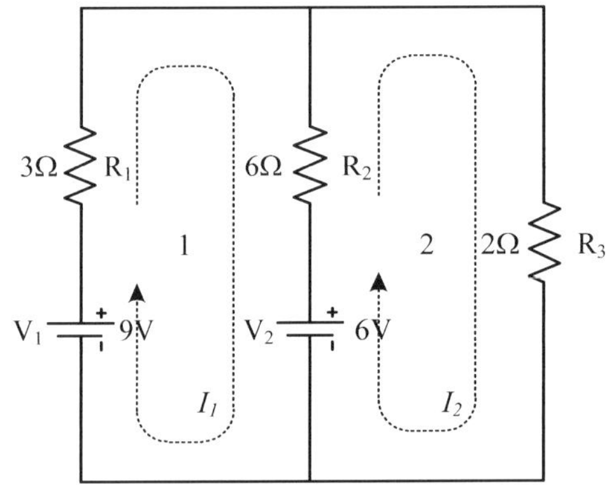

그림 8.2 망로 해석법

위에서 얻어진 식을 I_1, I_2에 대하여 정리하면 다음과 같다.

폐회로 1 : $-9I_1+6I_2=3$

폐회로 2 : $6I_1-8I_2=-6$

단계 ④ : 행렬식 또는 연립방정식을 이용하여 I_1, I_2를 구한다.

$$I_1=\frac{\begin{vmatrix} 3 & 6 \\ -6 & -8 \end{vmatrix}}{D}=0.33A$$

여기서 $D=\begin{vmatrix} -9 & 6 \\ 6 & -8 \end{vmatrix}=36$

$$I_2=\frac{\begin{vmatrix} -9 & 3 \\ 6 & -6 \end{vmatrix}}{D}=1A$$

3. 사용기기 및 부품

1) 직류전원공급 장치
2)디지털 멀티미터(DMM)
3)브레드 보드
4) 저항(1/4[W]) : 1$K\Omega$, 2$K\Omega$, 3$K\Omega$
5) 리드선

4. 실험순서

① 그림8.3 회로를 결선하고, 각 저항에 흐르는 전류를 측정하여 표8.1의 “측정 값”란에 기록 한다.

② 그림8.3 회로에서 망로 해석법을 이용하여 각 저항에 흐르는 전류를 구하고 표 8.1의 “이론값”란에 기록한 후, 측정전류와 일치하는지 확인한다.

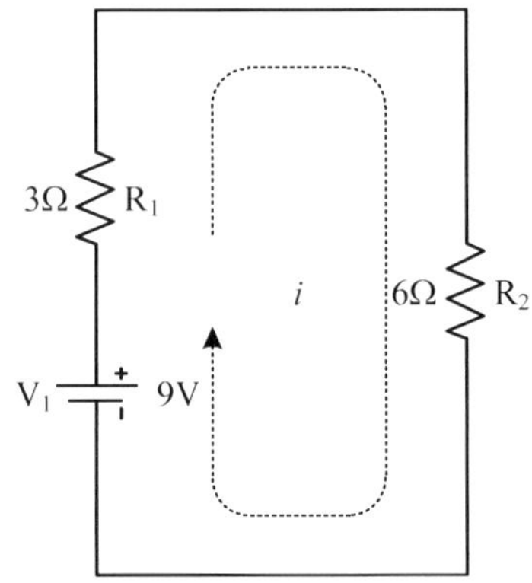

그림 8.3 실험회로1

③ 그림8.4 회로를 결선하고, 각 저항에 흐르는 전류를 측정하여 표8.2의 "측정 값"란에 기록 한다.

④ 그림8.4 회로에서 망로 해석법을 이용하여 각 저항에 흐르는 전류를 구하고 표 8.2의 "이론값"란에 기록한 후, 측정전류와 일치하는지 확인한다.

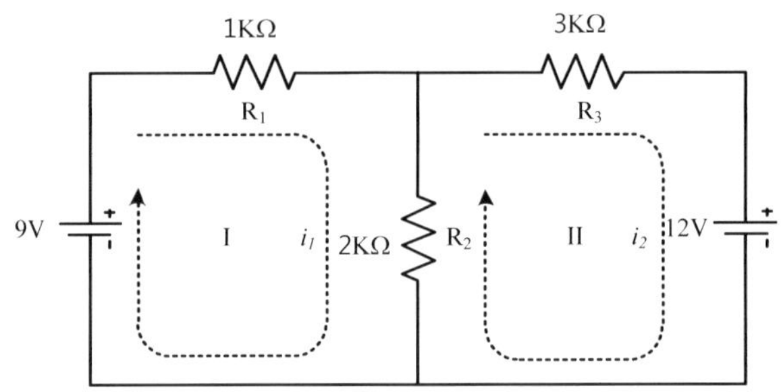

그림 8.4 실험회로2

표 8.1

측정값[mA]		이론값[mA]	
I_{R1}	I_{R2}	I_{R1}	I_{R2}

표 8.2

측정값[mA]			이론값[mA]		
I_{R1}	I_{R2}	I_{R3}	I_{R1}	I_{R2}	I_{R3}

학 습 평 가 문 제

1) 표8.1의 결과에 의하여 키르히호프의 전압법칙이 성립됨을 증명하여라.

2) 표8.2의 결과를 통하여 키르히호프의 전압법칙이 성립됨을 보여라.

3) 연립방정식을 행렬식을 이용하여 푸는 방법은 설명하여라.

4) 키르히호프의 전압법칙의 응용 예를 각 5개 들고 설명하여라.

5) 그림8.5 회로에서 망로 해석법을 이용하여 각 저항에 흐르는 전류를 구하시오.

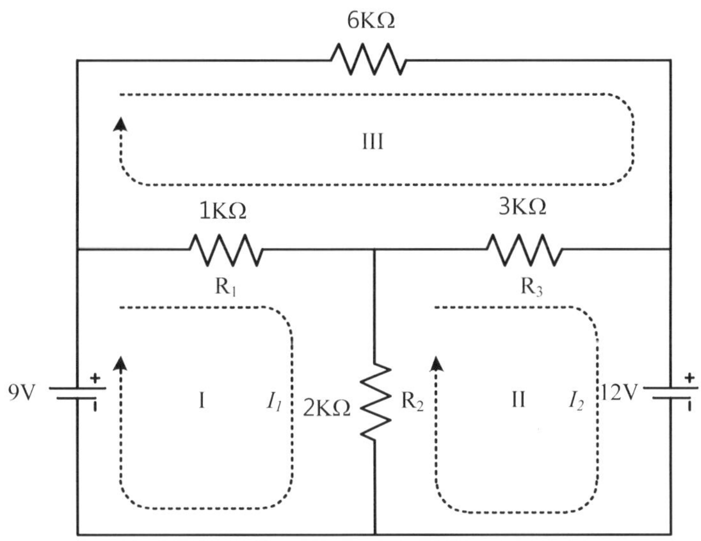

그림8.5

Chapter

09 키르히호프의 전류법칙과 마디 해석법

1. 실험목적

1) 키르히호프 전류법칙의 기본개념을 이해한다.
2) 키르히호프 전류법칙을 실험을 통하여 확인한다.
3) 마디해석법을 실험을 통하여 이해한다.

2. 관련이론

오옴(Ohm)의 법칙만으로 해결할 수 있는 회로는 비교적으로 단순한 회로이다. 그러나 두 개 이상의 기전력을 포함하는 복잡한 회로는 오옴의 법칙만으로는 해결하기가 어렵다. 따라서 이러한 복잡한 회로를 해석하기 위해서는 특별한 방법이 필요한데, 키르히호프의 전류법칙과 이를 이용한 마디 해석법은 복잡한 회로망을 해석하는데 있어서 유용한 도구를 제공한다.

1) 키르히호프 전류법칙

"회로망 중의 임의의 접속점(node)에 유입되는 전류의 총합과 유출되는 전류의 총합은 같다." 이 법칙은 전류의 연속성을 나타낸 것으로 키르히호프의 제1법칙이라고도 한다. 예를 들면, 그림9.1과 같은 어떤 접속점의 경우 유입되는 전류는 I_1, I_2, I_4이고, 유출되는 전류는 I_3, I_5 이므로, 키르히호프의 전류법칙을 적용시키면

$$I_1 + I_2 + I_4 = I_3 + I_5 \tag{9.1}$$

의 식이 성립된다.

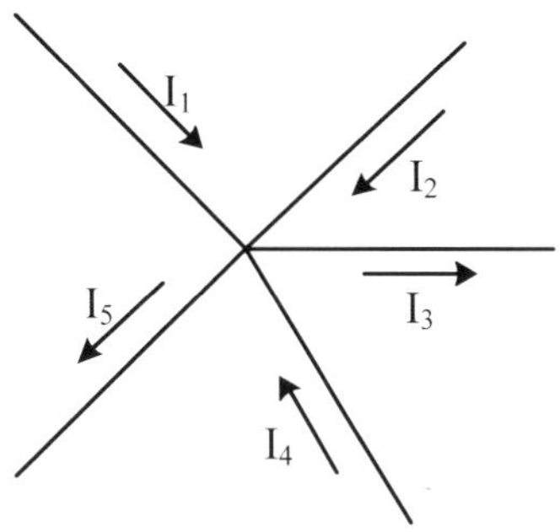

그림 9.1 키르히호프 전류법칙

이 식을 다시 쓰면

$$I_1 + I_2 - I_3 + I_4 - I_5 = 0 \qquad (9.2)$$

으로 나타낼 수도 있다.

그러므로 "회로망 중 임의의 접속점에 유입되거나 유출되는 전류의 총합은 0 이다."라고 할 수도 있다. 따라서 키르히호프 전류법칙의 일반식은 다음과 같이 쓸 수 있다.

$$\sum I_K = 0 \qquad (9.3)$$

이 때 전류의 부호는 유입되는 방향을 (+)로 하면 유출되는 방향은 (-)로 하면 되고, 이와 반대로 하여도 무방하다. 그림9.2와 같은 회로에서 전류 I_1, I_2, I_3를 키르히호프의 전류법칙을 이용하여 구해보자.

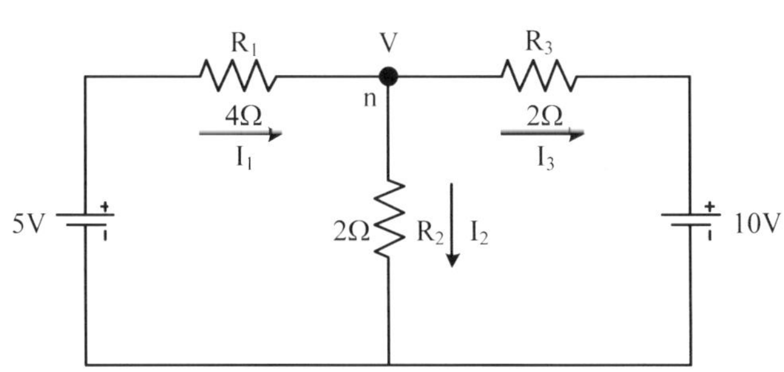

그림 9.2 키르히호프 전류법칙을 이용한 회로해석

우선 전류의 방향이 그림9.2와 같이 주어져 있다면 키르히호프의 전류법칙에 의하여 접속점(n)에서

$$I_1 - I_2 - I_3 = 0 \tag{9.4}$$

의 식이 성립되고, 접속점 n의 전압을 V이라 하면

$$I_1 = (5 - V)/4$$
$$I_2 = V/2$$
$$I_3 = (V - 10)/2 \tag{9.5}$$

이 되므로, 이 식을 식(9.4)에 대입하여 V를 구하면 $V = 5\,V$가 되므로

$$I_1 = 0A,\ I_2 = 2.5A,\ I_3 = -2.5A$$

가 구해진다. 여기서 I_3가 (-)부호가 된 것은 처음에 설정한 전류의 방향과 반대방향으로 전류가 흐른다는 것을 의미한다.

2) 마디해석법(Nodal Analysis)

키르히호프 전류법칙을 이용한 회로 해석법인 마디 해석법에 대하여 알아보자. 마디는 둘 이상의 가지가 만나는 점이다. 만일 어떤 마디를 기준점으로 정의한다면 다른 마디들은 기준점에 대해 상대 전위를 가지게 된다. 그러므로 N개의 마디를 가지고 있는 회로망에는 기준점에 대한 상대전위를 가지는 (N-1)개의 마디가 존재한다. 그리고 이들 각 마디에서 키르히호프 전류법칙을 적용하면 회로의 마디 전류를 구할 수 있다. 마디해석법의 절차는 다음과 같다.

① 회로망에서 마디의 수를 결정한다.
② 기준마디를 정하고 남은 마디에 전위이름(V_1, V_2 등)을 붙인다.
③ 각 가지에 전류의 방향을 설정한다.(각 마디로부터 모든 전류가 유출된다고 가정)
④ 기준마디를 제외하고 키르히호프 전류법칙을 각 마디에 적용한다.
⑤ 연립방정식 또는 행렬을 이용하여 마디전압에 대한 방정식을 푼다.

이제 그림9.3의 회로망을 앞에서 설명한 마디해석법 절차에 따라 해석해 보자.
단계 ① : 그림9.4와 같이 기준마디를 정하고 나머지 마디에 전압의 이름을 붙인다.
단계 ② : 마디에 연결된 각 가지에서 전류가 모두 유출된다고 가정한다.
단계 ③ : 기준마디를 제외하고 키르히호프 전류법칙을 각 마디에 적용한다.

$$\text{마디 } V_1 : \frac{V_1}{6\Omega} + \frac{V_1 - V_2}{3\Omega} + 2A = 0$$

$$\text{마디 } V_2 : \frac{V_2 - V_1}{3\Omega} + \frac{V_2}{4\Omega} - 3A = 0$$

위의 두식을 V_1, V_2에 대하여 정리하면

$$\text{마디 } V_1 : \frac{1}{2}V_1 - \frac{1}{3}V_2 = -2$$

$$\text{마디 } V_2 : -\frac{1}{3}V_1 + \frac{7}{12}V_2 = 3$$

단계 ④ : 행렬식을 이용하여 마디전압에 대한 방정식을 푼다.

$$V_1 = \frac{\begin{vmatrix} -2 & -\frac{1}{3} \\ 3 & \frac{7}{12} \end{vmatrix}}{D} = -\frac{78}{13}V$$

$$V_2 = \frac{\begin{vmatrix} \frac{1}{2} & -2 \\ -\frac{1}{3} & 3 \end{vmatrix}}{D} = -\frac{39}{13}V$$

여기서

$$D = \begin{vmatrix} \frac{1}{2} & -\frac{1}{3} \\ -\frac{1}{3} & \frac{7}{12} \end{vmatrix} = 13$$

단계 ⑤ : 각 마디전압을 이용하여 각 가지 전류를 구한다.

$$I_{R_1} = \frac{V_1}{R_1}, \quad I_{R_2} = \frac{V_2}{R_2}, \quad I_{R_3} = \frac{V_1 - V_2}{R_3}$$

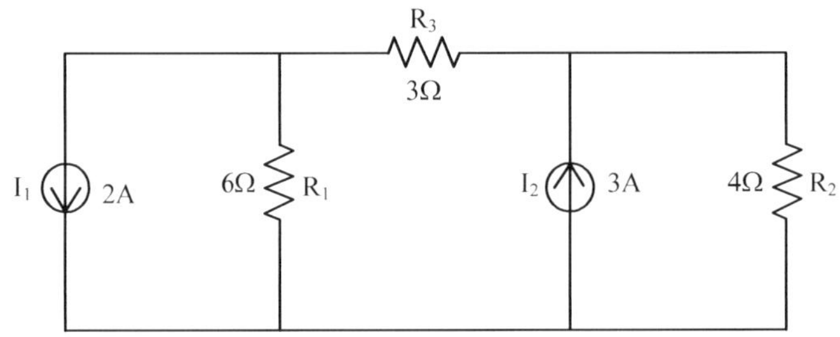

그림 9.3 마디해석법

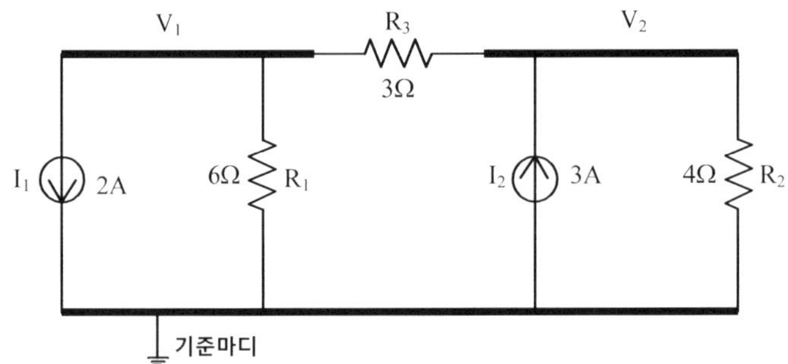

그림 9.4 마디해석법을 위한 기준마디 설정

3. 사용기기 및 부품

1) 직류전원공급 장치
2) 디지털 멀티미터(DMM)
3) 브레드 보드
4) 저항(1/4[W]) : 1$K\Omega$(3개), 2$K\Omega$(2개), 3$K\Omega$(1개)
5) 리드선

4. 실험순서

① 그림 9.5 회로를 결선하고, 각 저항에 흐르는 전류를 측정하여 표9.1에 기록 한다.

② 그림9.5 회로에서 9 V 전압원을 12 V 전압원으로 바꾸고, 각 저항에 흐르는 전류를 측정하여 표9.1에 기록한다.

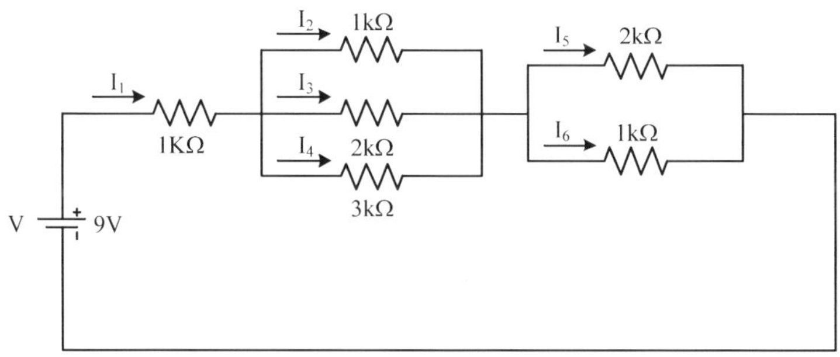

그림 9.5 마디해석법 실험회로1

③ 그림9.6 회로를 결선하고, $V_a = 9\,V$, $V_b = 12\,V$인 경우, $V_a = 12\,V$, $V_b = 9\,V$ 인 경우에 대하여 I_1, I_2, I_3 및 V_1, V_2, V_3와 접속점 a의 전위V 를 측정하여 표 9.2에 기록 한다. 반드시 주어진 전류의 방향에 따라 전류계 및 전압계를 접속해야 한다.

④ 그림 9.7 회로를 결선하고, 그림에 표시된 전류 및 전압을 측정하여 표9.3에 기록 한다. 반드시 주어진 전류방향에 따라 전류계 및 전압계를 접속하고, 만일 전류계 및 전압계의 값이 (−) 이면, 측정값을 기록할 때에 (−)부호를 붙여서 기록한다.

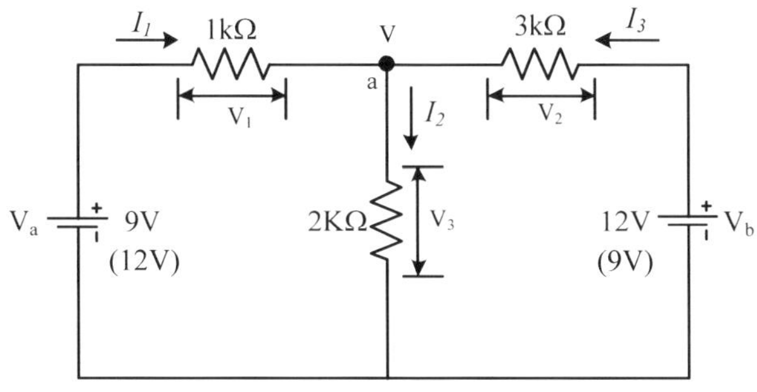

그림 9.6 마디해석법 실험회로2

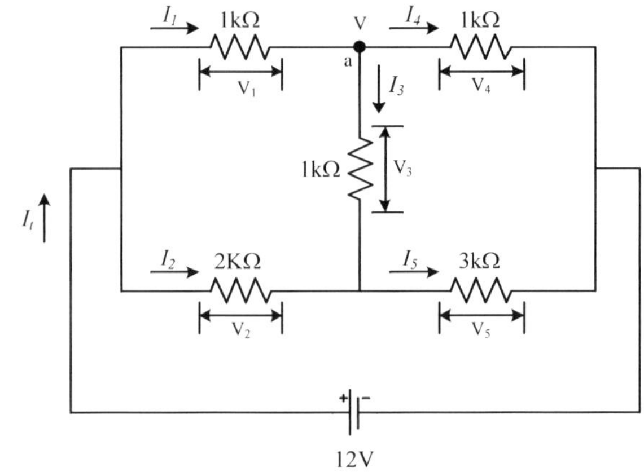

그림 9.7 마디해석법 실험회로3

표 9.1

$V[V]$	$I_1[mA]$	$I_2[mA]$	$I_3[mA]$	$I_4[mA]$	$I_5[mA]$	$I_6[mA]$
9						
12						

표 9.2

$V_a[V]$	$V_b[V]$	$I_1[mA]$	$I_2[mA]$	$I_3[mA]$	$V_1[V]$	$V_2[V]$	$V_3[V]$	$V[V]$
9	12							
12	9							

표 9.3

I_t $[mA]$	I_1 $[mA]$	I_2 $[mA]$	I_3 $[mA]$	I_4 $[mA]$	I_5 $[mA]$	$V_1[V]$	$V_2[V]$	$V_3[V]$	$V_4[V]$	$V_5[V]$

학 습 평 가 문 제

1) 표9.1의 결과에 의하여 키르히호프의 전류법칙이 성립됨을 증명하시오.

2) 표9.2의 결과에 의하여 키르히호프의 전류법칙이 성립됨을 증명하시오.

3) 표9.3의 결과에 의하여 키르히호프의 전류법칙이 성립됨을 증명하시오.

4) 그림9.5~그림9.8까지의 회로를 마디해석법을 이용하여 해석하시오.

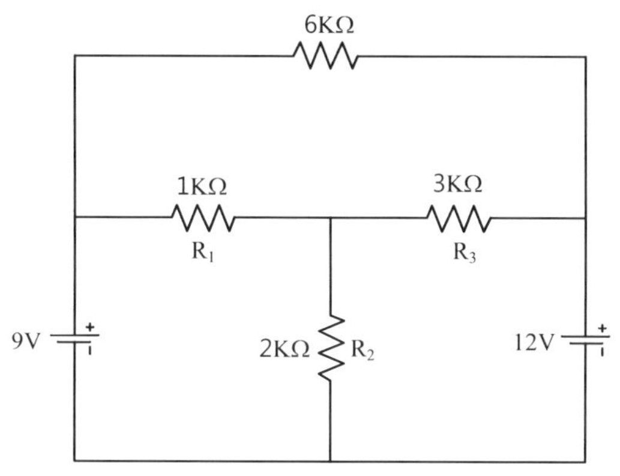

그림 9.8

Chapter 10 중첩의 원리

1. 실험목적

1) 전압원과 전류원의 기본개념을 이해한다.
2) 중첩의 원리에 대한 기본 개념을 이해한다.
3) 중첩의 원리를 실험을 통하여 확인한다.

2. 관련이론

1) 전압원과 전류원

전원은 전력 또는 에너지를 공급하는 능동소자로서 에너지를 공급하는 방법에 따라 독립전원과 종속전원으로, 그리고 공급되는 전원에 따라 전압원과 전류원으로 구분된다.

독립전원은 회로에 있는 다른 전압이나 전류에 의지하지 않고 회로에서 독립적으로 전압 또는 전류를 확립할 수 있는 전원을 말한다. 그러나 독립전원과는 달리 종속전원은 회로 내에 있는 다른 전압이나 전류의 값에 의존하는 값을 가지는 전압 또는 전류를 확립하는데, 종속전원이 의존하는 전원의 전압이나 전류의 값을 모르면 종속 전원의 값을 명기할 수 없다.

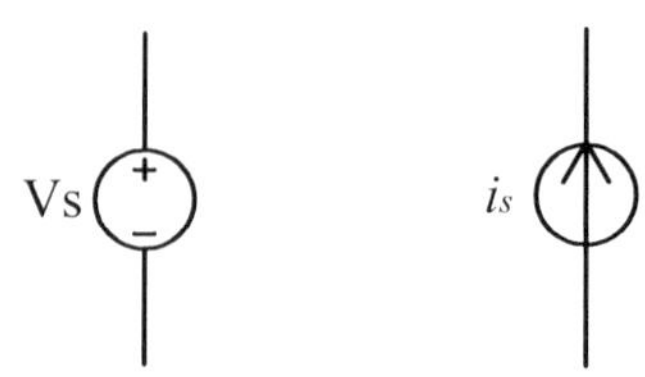

(a)독립 전압원 (b)독립 전류원

그림10.1 독립 전압원과 독립 전류원

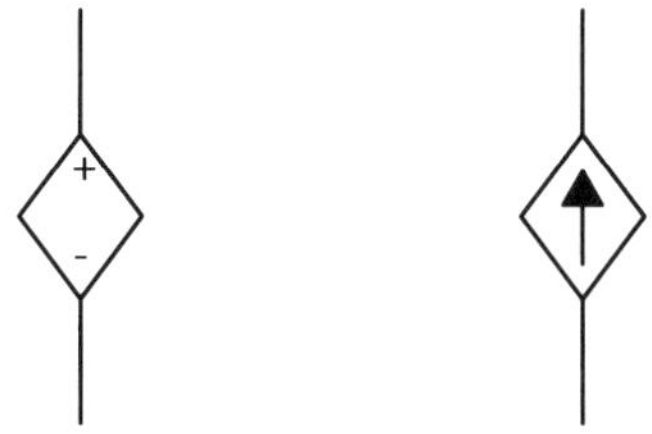

(a)종속 전압원 (b)종속 전류원

그림 10.2 종속 전압원과 종속 전류원

그림10.1은 독립 전압원과 독립 전류원의 기호를 나타내며, 그림10.2는 종속 전압원과 종속 전류원의 기호를 나타낸다.

a) 전압원

전압원은 회로에 전압을 공급하는 능동소자이다. 이상적인 전압원은 임피던스가 0인 전압원으로서, 회로에서 부하저항이 변화하여도 부하에 항상 일정한 전압을 공급할 수 있는 전압원을 말한다. 즉, 이상적인 전압원은 단자에 흐르는 전류와 무관하게 그 단자에 걸린 규정된 전압을 유지하는 회로 소자이다. 그러나 실제의 경우 전압원에는 내부 임피던스가 존재하고 이 내부 임피던스로 인하여 부하전류가 증가함에 따라 내부 전압강하가 증가하게 된다. 그림10.3은 이상적인 전압원과 실제 전압원의 차이를 보여준다.

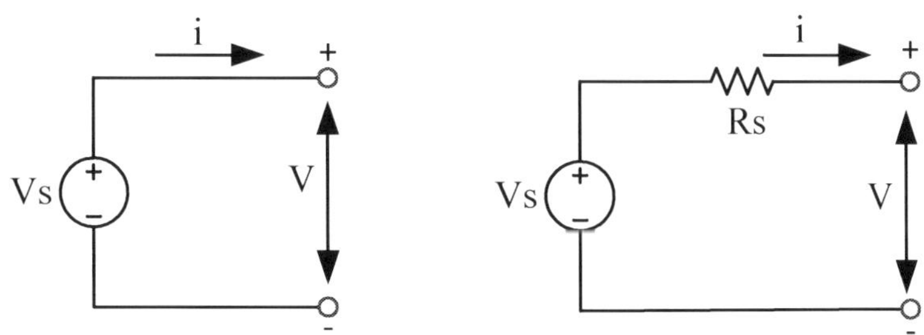

(a)이상적인 전압원 (b)실제 전압원

그림10.3 이상적인 전압원과 실제 전압원

b) 전류원

이상적인 전류원은 내부 임피던스가 무한대인 전류원으로서, 부하가 변화하여도 부하에 항상 일정한 전류를 공급 할 수 있는 전류원을 말한다.

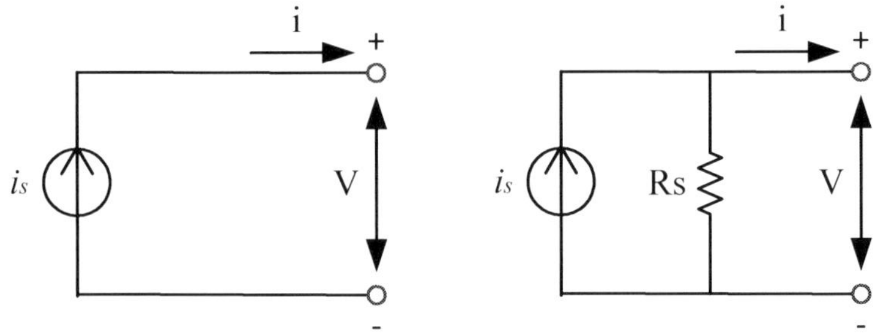

그림 10.4 이상적인 전류원과 실제 전류원

즉, 단자에 걸린 전압에 무관하게 그 단자를 통하여 규정된 전류를 유지하는 회로 소자이다. 그러나 실제 전류원의 경우 이상적인 전류원과는 다르게 내부에 병렬로 임피던스가 존재하게 되어 부하저항이 내부 임피던스 보다 커지는 경우 내부 임피던스로 전류가 흘러 이상적인 전류원과 같이 모든 전류가 부하로 흐르지 않는다. 그림10.4는 이상적인 전류원과 실제 전류원과의 차이를 보여준다.

2) 중첩의 원리

중첩의 원리란 "어떤 선형 회로망에서 여러 개의 전압원 또는 전류원이 존재하는 경우, 회로 내에 있는 임의의 저항에 인가되는 전압과 그 저항에 흐르는 전류는 각 독립된 전원에 의한 전압과 전류의 대수적인 합과 같다"는 것이다. 그리고 중첩의 원리 적용시 1개의 전원에 대하여 고찰하는 경우, 다른 전원은 모두 제거된다. 이때 다른 전원을 제거하는 방법은 전원이 전압원이면 제거 후 단락하고, 전류원이면 제거 후 개방한다.

그림10.5(a) 회로를 중첩의 원리를 이용하여 각 저항에 흐르는 전류를 구해보자.

먼저 그림10.5(b)와 같이 V_2를 제거하고 단락 시킨 후 각 회로에 흐르는 전류를 구한다. 그림10.5(b) 회로의 전체전류를 I' 라고 하면

$$I' = \frac{V}{R_t} = \frac{15}{7.5} = 2[A]$$

그러므로

R_1에 흐르는 전류를 I_{R1}'라고 한다면

$$I_{R1}' = 2[A]$$

가 되고, R_2에 흐르는 전류를 I_{R2}'라고 하면 전류 분배 법칙에 의해

$$I_{R2}' = \frac{R_3}{R_2 + R_3} \times I' = \frac{3}{6} \times 2 = 1[A]$$

가 된다.

동일하게 R_3에 흐르는 전류를 I_{R3}'라고 하면 전류분배법칙에 의해

$$I_{R3}' = \frac{R_2}{R_2 + R_3} \times I' = \frac{3}{6} \times 2 = 1[A]$$

가 된다.

다음은 그림10.5(C)와 같이 5[V] 전원에 의한 전류를 구해보자.
동일한 방법으로 먼저 전체 전류 I''라 하면

$$I'' = \frac{V}{R_t} = \frac{5}{5} = 1[A]$$

가 된다. 따라서 R_3에 흐르는 전류는

$$I_{R3}'' = 1[A]$$

가 된다.

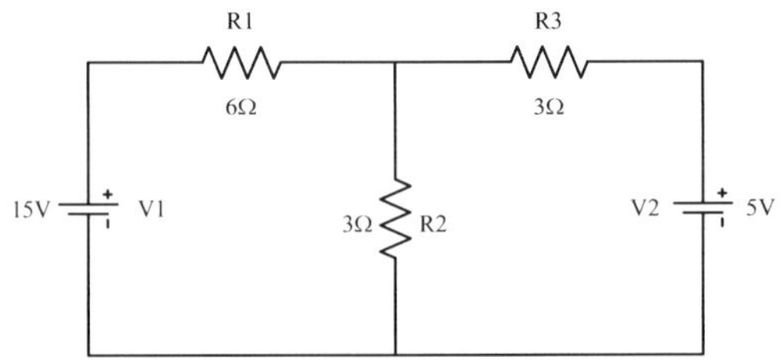

(a)

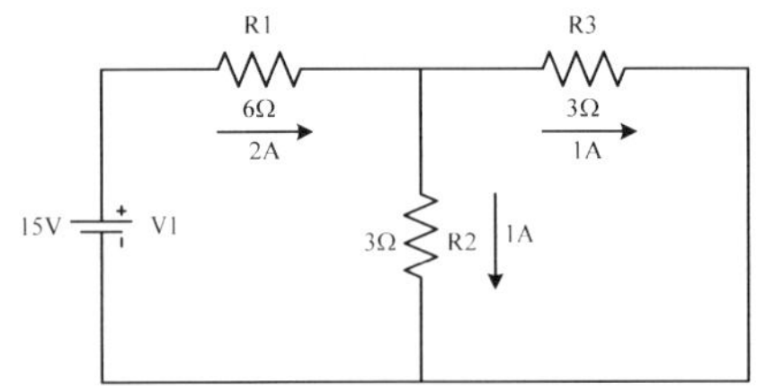

(b)

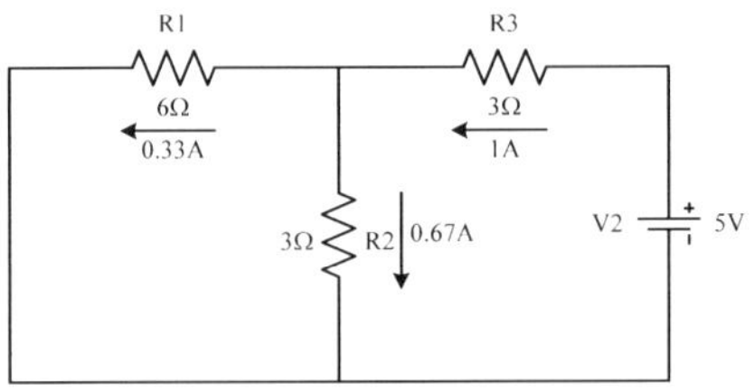

(c)

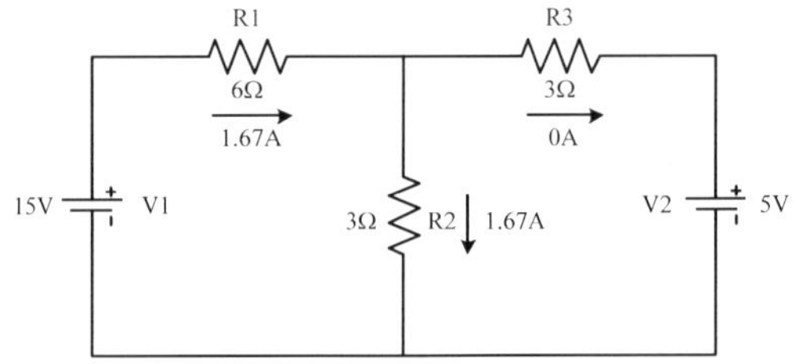

(d)

그림 10.5 중첩의 원리

다음은 전류 분배법칙에 의해 R_1에 흐르는 전류를 구하면

$$I_{R1}''=\frac{R_2}{R_1+R_2}\times I'' = \frac{3}{9}\times 1 = 0.33[A]$$

$$I_{R2}''=\frac{R_1}{R_1+R_2}\times I'' = \frac{6}{9}\times 1=0.67[A]$$

가 된다. 따라서

각 저항에 흐르는 전체 전류는 각각의 전압원에 의하여 흐르는 전류를 더하면 된다. 즉,

$$I_{R1}=I_{R1}'+I_{R1}''=2-0.33=1.67[A]$$

$$I_{R2}=I_{R2}'+I_{R2}''=1+0.67=1.67[A]$$

$$I_{R3} = I_{R3}' + I_{R3}'' = 1-1=0[A]$$

가 된다. 이 때 주의 할 점은 전류의 방향이다. 각 저항에 흐르는 전류의 방향을 고려하여 서로 반대 방향이면 빼고 동일 방향이면 더하여 준다. 그리고 최종적으로 구해진 전류의 크기를 방향을 고려하여 표시하면 된다. 이렇게 하여 구해진 각 저항에 흐르는 전류는 그림10.5(d)와 같다. 이와 같이 중첩의 원리를 사용하면 회로 해석을 단순화시켜 해석할 수 있는 이점이 있다.

다음은 그림10.6와 같이 하나의 회로에 전압원과 전류원이 모두 존재하는 회로를 해석해 보자. 이 회로에서 중첩의 원리를 적용하기 위하여 먼저 전류원을 제거하고 개방회로로 대치하면 그림10.6(a)와 같다.

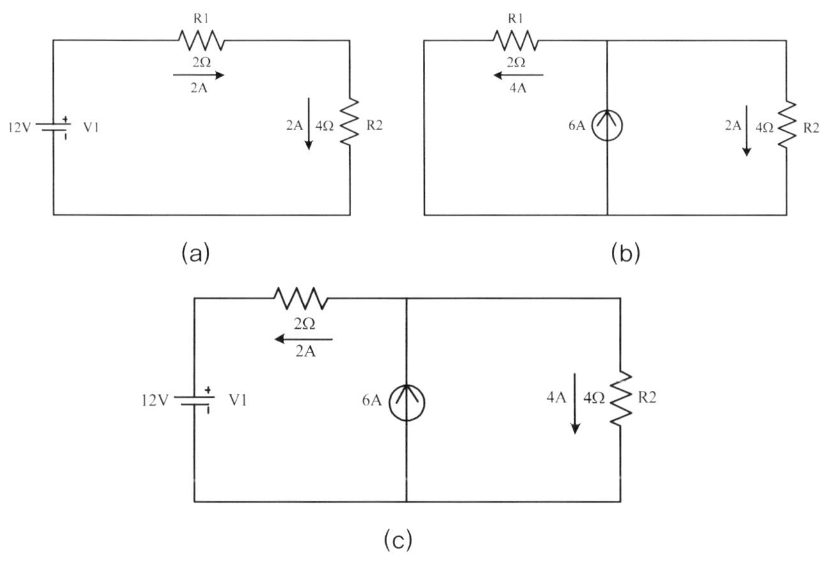

그림 10.6 전류원이 포함된 회로에 중첩의 원리 적용

먼저 전체 저항을 구하면 R_1, R_2가 서로 직렬회로가 되므로

$$R_t' = 6\Omega$$

이 된다. 그러므로 전체 전류를 구하면

$$I_t' = \frac{12}{6} = 2[A]$$

가 된다. 그리고 각 저항 R_1, R_2에 흐르는 전류는 전압원에 대하여 모두 직렬회로 이므로

$$I_{R1}' = I_{R2}' = I_t' = 2[A]$$

가 된다.

다음은 그림10.6(b)와 같이 전압원을 제거하고 단락회로로 대치한 후 회로를 해석하면 두 개의 저항 R_1과 R_2는 상호 병렬연결이 되므로, 6[A]의 전류원에서 나오는 전류는 각 저항에 전류 분배법칙에 따라 분배된다. 즉,

$$I_{R1}'' = \frac{R_2}{R_1+R_2} \times I_t'' = \frac{4}{6} \times 6 = 4[A]$$

$$I_{R2}'' = \frac{R_1}{R_1+R_2} \times I_t'' = \frac{2}{6} \times 6 = 2[A]$$

가 된다.

이제 중첩의 원리를 적용하여 얻어진 각각의 전류를 방향을 고려하여 더하면

$$I_{R1} = I_{R1}' + I_{R1}'' = 2-4 = -2[A]$$

$$I_{R2} = I_{R2}' + I_{R_2}'' = 2+2 = 4[A]$$

가 된다.

따라서 그림10.6과 같이 전류원이 포함된 회로도 동일한 방법으로 구할 수 있다.

3. 사용기기 및 부품

1) 직류전원공급 장치
2) 디지털 멀티미터기(DMM)
3) 브레드 보드
4) 저항(1/4[W]) : 330Ω, 470Ω, 1$K\Omega$, 2$K\Omega$, 3$K\Omega$,
   저항(2[W]) : 100Ω, 200Ω
5) 리드선

4. 실험순서

① 그림10.7(a) 회로를 결선하고 전류 I_1', I_2', I_3'를 측정하여 표10.1에 기록한다.

② 그림10.7(b) 회로를 결선하고 전류 I_1'', I_2'', I_3''를 측정하여 표10.1에 기록한다.

③ 그림10.7(c) 회로를 결선하고, 전류 I_1, I_2, I_3를 측정하여 표10.1에 기록한다.

④ 그림10.8의 회로에 대해서도 위 ①,②,③과 같은 실험과정을 반복하여 측정결과를 표 10.2에 기록한다.

⑤ 그림10.9(a) 회로를 결선하고, 전류를 측정하여 표10.3에 기록한다.

⑥ 그림10.9(b) 회로를 결선하고, 회로에 지시된 전류를 측정하여 표10.3에 기록한다.

주) 여기서, 전류원은 가변직류전압공급 장치를 이용하여 만들 수 있다. 우선 가변 직류전압 공급장치의 출력전압을 최대로 하고, 전류조정 손잡이를 최소로 한다. 다음 출력전압에 전류계를 극성을 맞추어 접속시키고, 전류조정 손잡이를 시계방향으로 조심스럽게 돌리면서 전류계의 지시가 100$[mA]$가 되도록 한다. 이렇게 하면 가변 직류전압공급 장치는 100$[mA]$의 전류원이 된다. 단, 직류전압공급 장치의 최대 출력전압이 30V 정도 이므로, 이 전류원에 접속할 수 있는 최대 부하저항은 300Ω 정도로 제한된다는 것에 유의한다.

⑦ 그림10.9(c) 회로를 결선하고, 회로에 지시된 전류를 측정하여 표10.3에 기록한다.

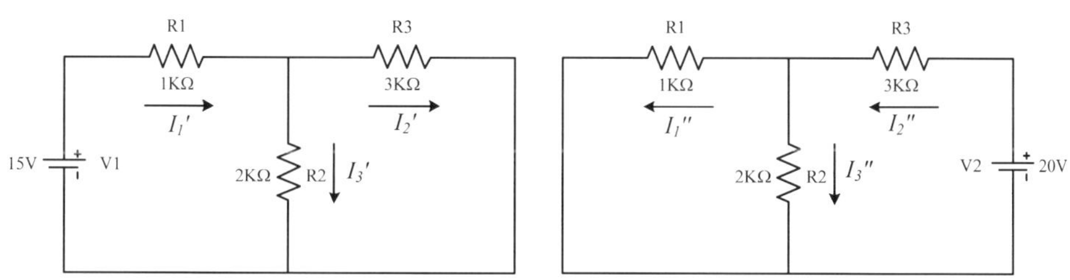

(a) V_2 제거 후 단락회로 (b) V_1 제거 후 단락회로

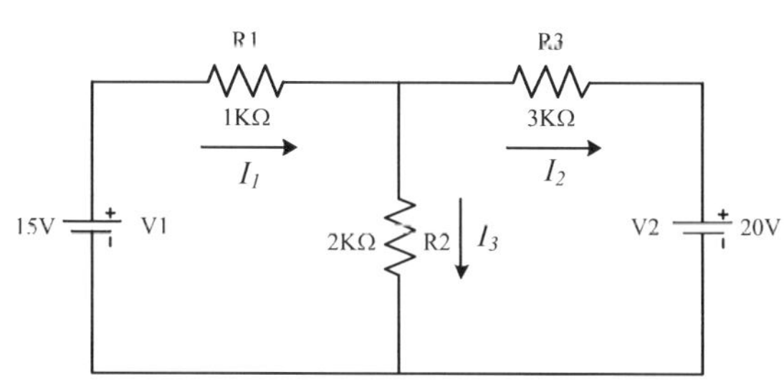

(c) 전체회로

그림 10.7 다중 전압원 회로

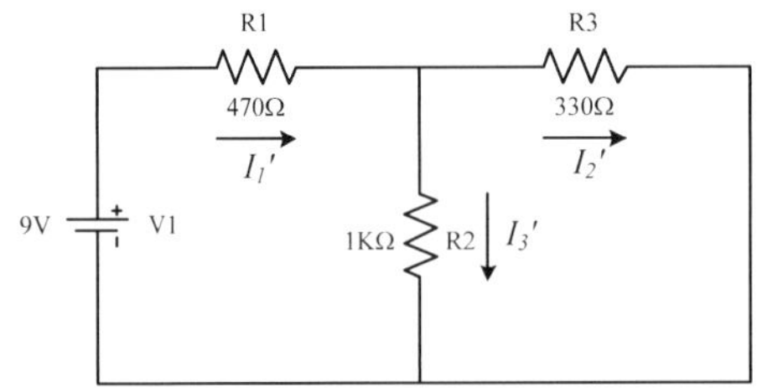

(a) V_2 제거 후 단락회로

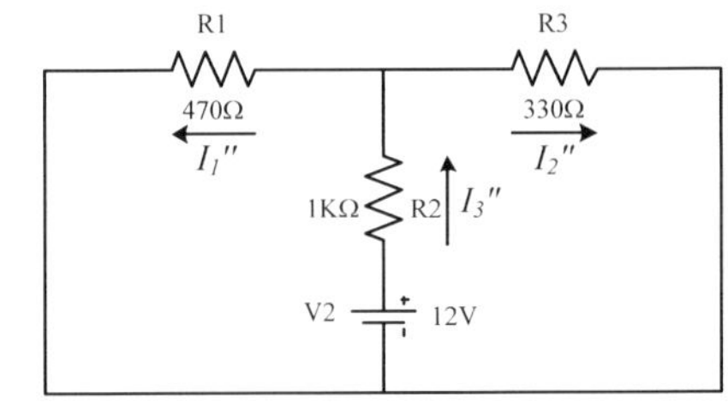

(b) V_1 제거 후 단락회로

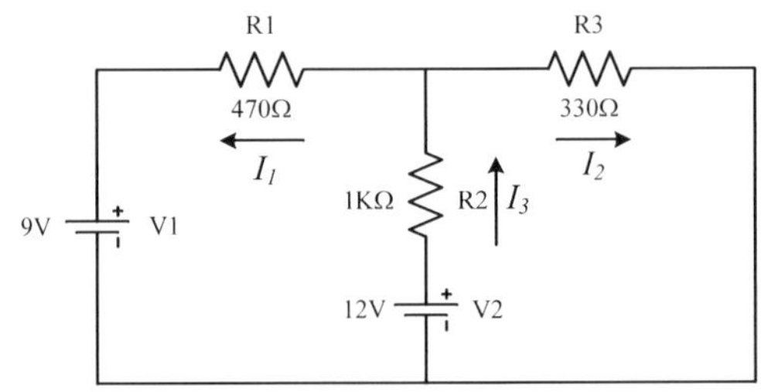

(C)전체회로

그림 10.8 다중 전압원 회로

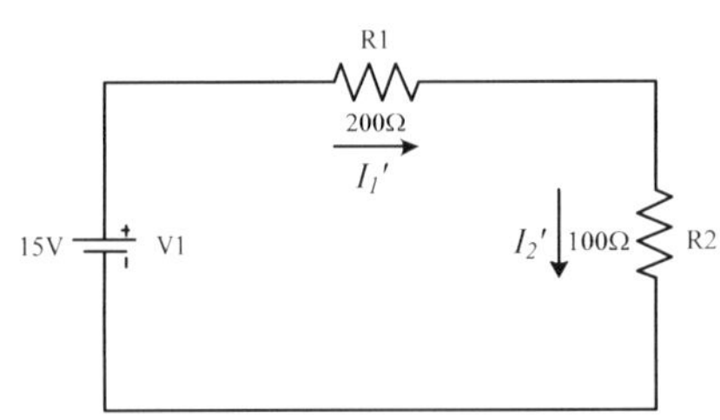

(a)전류원 제거 후 개방회로

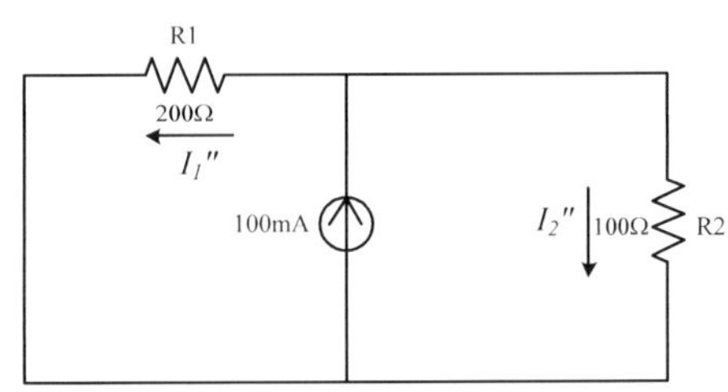

(b) V_1 제거 후 단락회로

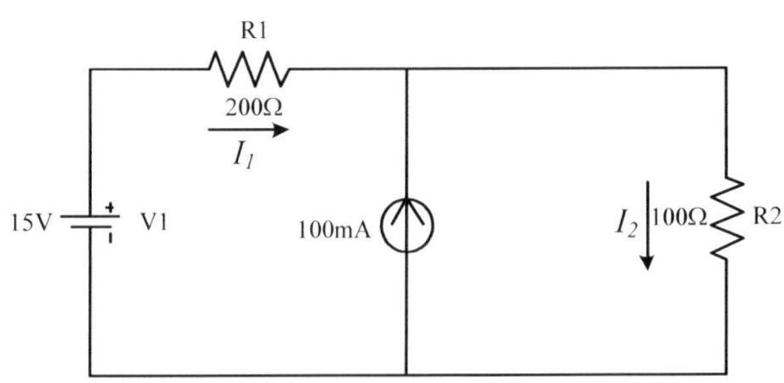

(c)전체회로

그림 10.9 전압원과 전류원 복합회로

표 10.1 (단위 : mA)

I_1'	I_2'	I_3'	I_1''	I_2''	I_3''	I_1	I_2	I_3

표 10.2 (단위 : mA)

I_1'	I_2'	I_3'	I_1''	I_2''	I_3''	I_1	I_2	I_3

표 10.3 (단위 : mA)

I_1'	I_2'	I_3'	I_1''	I_2''	I_3''	I_1	I_2	I_3

학 습 평 가 문 제

1) 표10.1로부터 다음 계산을 하여라.

$I_1 = I_1' - I_1'' =$

$I_2 = I_2'' - I_2' =$

$I_3 = I_3' + I_3'' =$

2) 표10.1의 I_1, I_2, I_3와 위의 계산결과를 비교하여 중첩의 원리가 성립되었음을 보여라.

3) 표10.2로 부터 다음 계산을 하여라.

$I_1 = I_1' - I_1'' =$

$I_2 = I_2'' - I_2' =$

$I_3 = I_3' + I_3'' =$

4) 표10.2의 I_1, I_2, I_3와 위의 계산된 결과를 비교하여 중첩의 원리가 성립됨을 보여라.

5) 표10.3으로부터 다음 계산을 하여라.

$I_1 = I_1' - I_1'' =$

$I_2 = I_2'' - I_2' =$

6) 표10.3의 I_1, I_2와 위에서 계산된 I_1, I_2를 비교하여 중첩의 원리가 성립됨을 보여라.

7) 중첩의 원리를 이용하여 회로를 해석할 때, 전원을 제거시킬 경우 전압원은 (　　) 시키고, 전류원은 (　　)시킨다.

8) 중첩의 원리는(　　)회로망에만 성립된다.

9) 이상적인 전압원의 $V-I$ 특성을 그려 보아라

10) 이상적인 전류원의 $V-I$ 특성을 그려 보아라

11) 그림10.3, 그림10.4, 그림10.5 회로에서 각 저항에 흐르는 전류를 중첩의 원리에 의하여 구하라. 단, 각각 그림(c)의 경우만 구하여라.

12) 중첩의 원리를 이용한 문제의 예를 5개 들고 설명하여라.

Chapter

11 테브난 정리

1. 실험목적

1) 테브난 정리(Thevenin's theorem)의 기본개념을 이해한다.
2) 테브난 정리를 실험을 통하여 확인한다.

2. 관련 이론

그림11.1(a)와 같이 어떤 회로망의 두 단자 a, b로부터 회로망을 바라보았을 때, 합성저항이 R_{ab}이고, a, b 양단의 전압이 V_{ab} 라고 하면, 그림11.1(b)와 같이 부하저항 R_L를 연결하였을 때 부하저항에 흐르는 전류는 다음과 같이 얻을 수 있다.

$$I_L = \frac{V_{ab}}{R_{ab} + R_L} \tag{11.1}$$

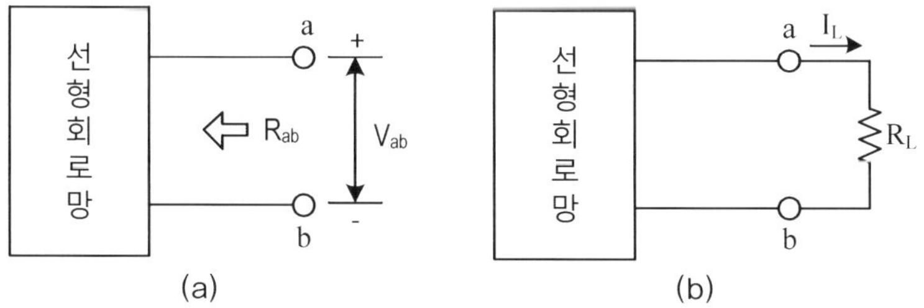

그림11.1 테브난 정리

이것을 테브난 정리라고 하며, 회로망 전체의 전압, 전류상태를 몰라도 회로망 중에 있는 임의의 가지에서 발생되는 문제점을 취급할 수 있는 대단히 중요한 정리이다.
그림11.2와 같은 회로를 생각해 보자.

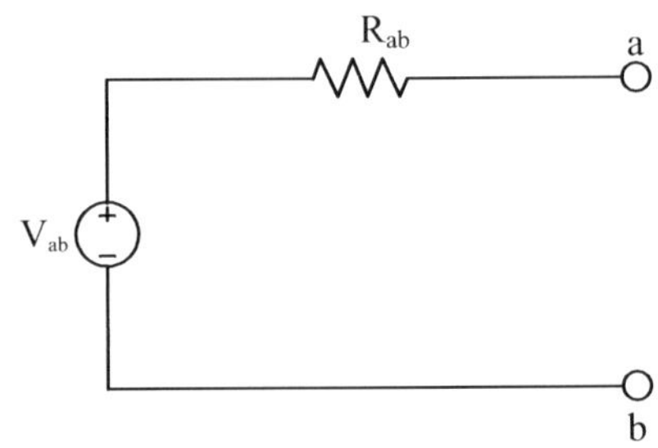

그림 11.2 테브난 등가회로

여기서 단자 a, b에서 회로 내부 쪽을 바라본 저항은 R_{ab} 가 되고, 단자 a, b 양단의 전압은 V_{ab} 가 된다. 또한, 단자 a, b 에 부하 R_L를 접속하면 부하에 흐르는 전류 I_L는 식(11.1)과 같다. 즉, 이 회로의 결과는 테브난 정리의 결과와 일치된다는 것을 알 수 있다. 따라서 그림11.2와 같은 회로를 테브난 등가회로라 하며, 이 회로는 또한 전압원의 등가회로와 동일하므로 테브난 정리를 "등가전압원의 정리"라고도 한다.

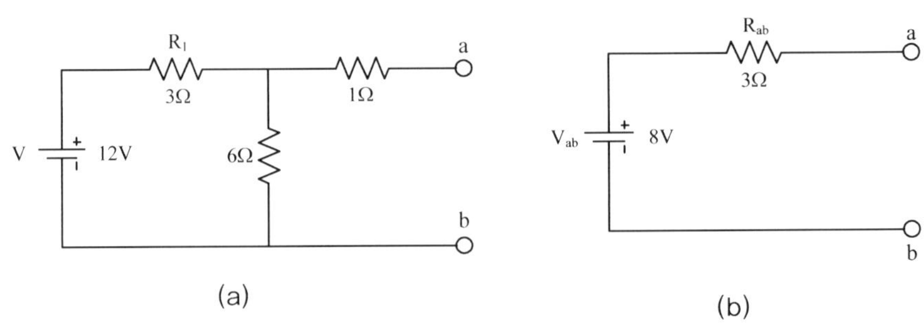

그림 11.3 테브난 등가회로 예

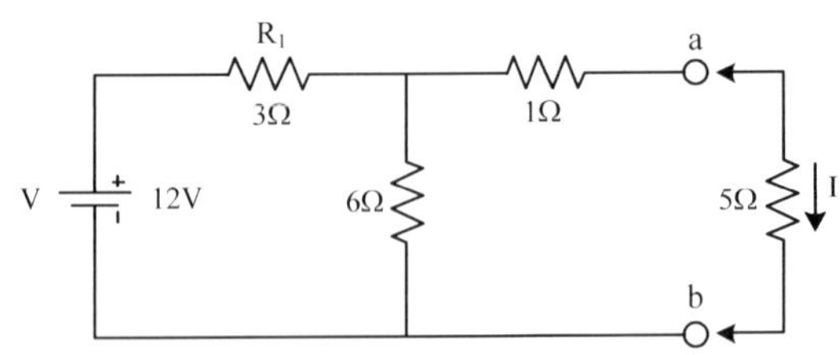

그림 11.4 테브난 등가회로를 이용한 회로해석

그림11.3(a) 회로의 테브난 등가회로를 구해 보자. 우선 12V의 전압원을 단락시키고, 단자 a, b 에서 회로 내부 쪽으로 바라본 합성저항을 구하면, $R_{ab}=1+6//3=3$(단, //는 병렬의 표시)이 된다. 그리고 두 단자 a, b의 양단전압 V_{ab} 는 6Ω 양단의 전압이 되므로 $V_{ab}=6/(3+6)\times 12=8$이 되어, 그림11.3(b)와 같은 테브난 등가회로로 표현할 수 있다. 이제 그림11.4와 같이 그림11.3(a)의 단자a, b 에 5Ω의 저항을 접속한 경우, 이 저항에 흐르는 전류 I를 구하면 테브난 정리에 의하여

$$I=\frac{V_{ab}}{R_{ab}+R}=\frac{8}{3+5}=1[A] \qquad (11.2)$$

의 전류가 흐르게 된다.

이와 같이 테브난 정리를 사용하면 회로망 중 임의의 소자에 흐르는 전류를 구할 때 그 소자를 떼어내고, 그 양단의 전압과 임피던스만을 알면 그 소자에 흐르는 전류를 간단하게 구할 수 있다.

3. 사용기기 및 부품

1) 직류전원공급 장치
2) 디지털 멀티미터(DMM)
3) 브레드 보드
4) 저항(1/4[W]) : 330Ω, 200Ω, 470Ω, 680Ω, $1K\Omega$, $2K\Omega$, $3K\Omega$, $4.7K\Omega$
   저항(2W) : 100Ω(2개), 200Ω(2개), 300Ω, 470Ω
   가변저항 : $5K\Omega$, 500Ω
5) 리드선

4. 실험순서

① 그림11.5 회로를 결선하고, a, b 양단전압 V_{ab}를 측정하여 표11.1에 기록한다.

② 그림11.5 회로에서 15V의 직류 전압원을 떼어낸 후 이 부분을 단락시키고, a, b 단자 사이의 저항을 디지털 멀티미터로 측정하여 표11.1에 기록한다.

③ 다시 그림11.5 회로의 전원을 연결하고, 단자 a, b에 표11.1에서 지정한 저항을 접속 하여 이 저항에 흐르는 전류를 측정한 후 "측정치" 란에 기록한다.

④ 그림11.6 회로를 결선하고, a, b 양단의 전압을 측정하여 표11.2에 기록한다.

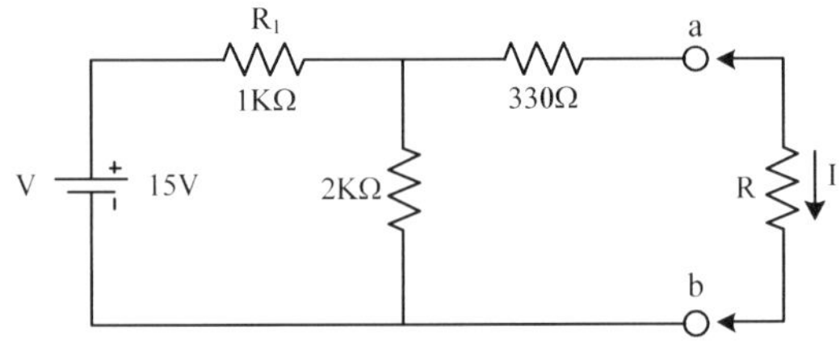

그림 11.5 테브난 등가회로 실험1

⑤ 그림11.6 회로의 a, b 단자에 $5K\Omega$ 가변저항을 접속하고, 이 저항을 서서히 변화시켜가면서 a, b 양단의 전압이 $\frac{V_{ab}}{2}$가 되도록 한다. 그리고 이때의 가변 저항값을 디지털 멀티미터로 측정하여 표11.2에 기록한다.

⑥ 그림11.6 회로에서 $12V$ 의 전압원을 제거한 후 이 부분을 단락 시키고, a, b 단자 사이의 저항을 디지털 멀티미터로 측정하여 표11.2에 기록한다.

⑦ 다시 그림11.6 회로의 전원을 연결한 후, 단자 a, b 에 표11.3에서 지정한 저항을 접속하여 이 저항에 흐르는 전류를 측정하고 기록한다.

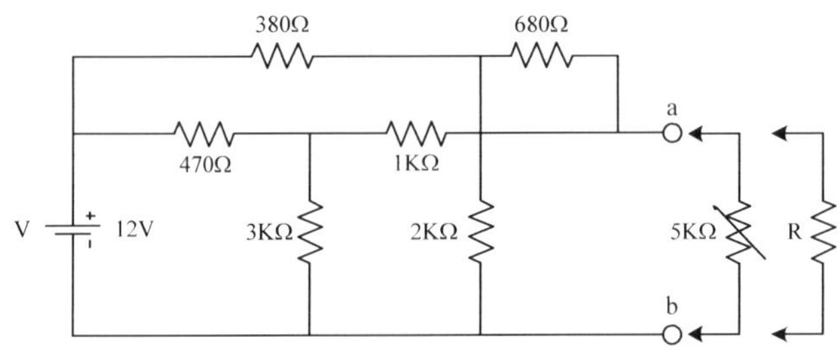

그림 11.6 테브난 등가회로 실험2

⑧ 그림11.7 회로를 결선하고, 단자 a, b 양단의 전압을 측정하여 표11.4에 기록한다.

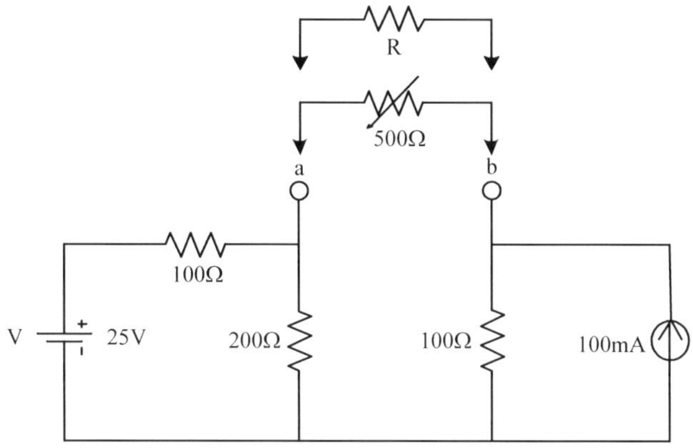

그림 11.7 테브난 등가회로 실험3

⑨ 그림11.7 회로의 a, b 단자에 500$K\Omega$의 가변저항을 접속하고, 이 저항을 서서히 가변시켜 가면서 a, b 양단의 전압이 순서⑧에서 측정한 전압 V_{ab} 의 1/20이 되도록 한다. 그리고 이 가변저항을 떼어내어 디지털 멀티미터로 가변저항의 저항값을 측정한 후 표11.4에 기록한다.

⑩ 그림11.7 회로에서 25V의 전압원은 떼어낸 후 단락시키고, 100mA의 전류원은 떼어내고 개방시킨 후, 단자 a, b 사이의 저항을 측정하여 표11.4에 기록한다.

⑪ 그림11.7 회로의 전압원과 전류원을 다시 연결한다. 그리고 단자 a, b 에 표 11.5에서 지정한 저항을 접속시켜 이 저항에 흐르는 전류를 측정하고 표11.5의 "측정치" 란에 기록한다.

표 11.1

이론치		측정치	
V_{ab}	R_{ab}	V_{ab}	R_{ab}

R	R=470Ω	R=680Ω	R=1$K\Omega$	R=2$K\Omega$
이론치[mA]				
측정치[mA]				

표 11.2

이론치		측정치		
			실험순서(5)의 측정치	실험순서(6)의 측정치
V_{ab}	R_{ab}	V_{ab}	R_{ab}	R_{ab}

표 11.3

R	R=200Ω	R=470Ω	R=1$K\Omega$	R=2$K\Omega$
이론치[mA]				
측정치[mA]				

표 11.4

이론치		측정치		
			실험순서(9)의 측정치	실험순서(10)의 측정치
V_{ab}	R_{ab}	V_{ab}	R_{ab}	R_{ab}

표 11.5

R	R=100Ω	R=200Ω	R=300Ω	R=470Ω
이론치[mA]				
측정치[mA]				

학습평가문제

1) 어떤 회로망의 두 단자 a, b 에서 회로망 쪽을 바라본 합성저항이 R_{ab} 이고, a, b 양단의 전압이 V_{ab} 일 때, 이 단자 a, b에 저항 R 을 접속하면 이 소자에 흐르는 전류는 (   )이 된다.
2) 테브난 정리를 다른 말로 (   )정리라고도 한다.
3) 테브난 등가회로는 (   )과 같은 것이 된다.
4) 그림11.8 회로에서 전류I 를 테브난 정리를 이용하여 구하여라.
5) 그림11.8(b)를 중첩의 원리를 이용하여 풀어 테브난 정리가 성립됨을 보여라.

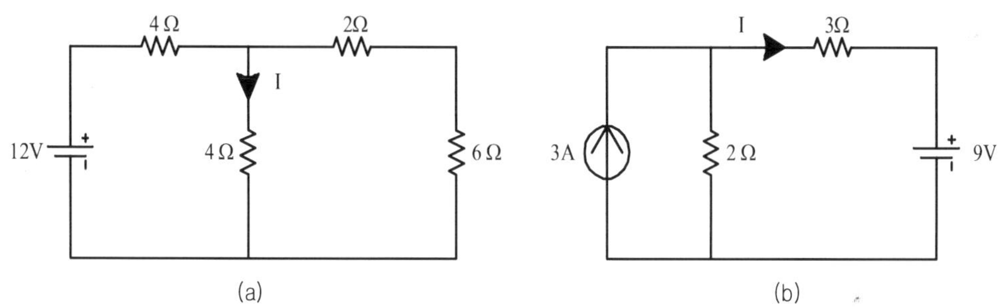

그림 11.8

6) 그림11.9에서 전류 I_3 를 테브난 정리를 이용하여 구하여라.
7) 테브난 정리를 이용하여 해결할 수 있는 문제를 3개 이상 들고 설명하여라.
8) 표11.1에서 이론치와 측정치를 비교하여 테브난 정리가 성립되는지 확인하여라.

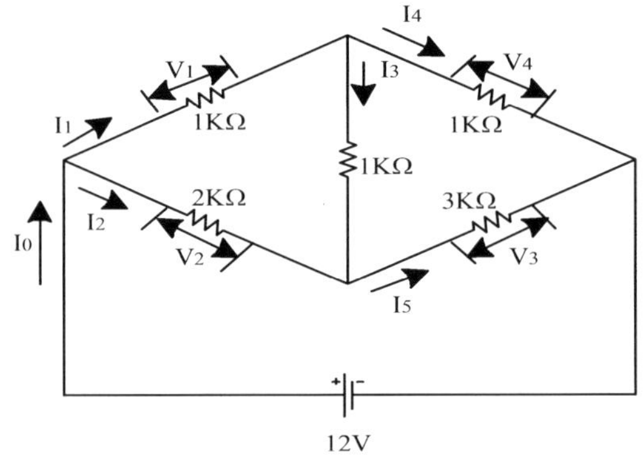

그림 11.9

9) 그림11.5 회로의 테브난 등가회로를 그려보아라.

10) 그림11.6 회로의 테브난 등가회로를 그려 보아라.

11) 표11.2 및 표11.3의 이론치를 비교해 보고, 테브난 정리가 성립됨을 확인 하여라.

12) 표11.5의 이론치와 측정치를 비교하여 테브난 정리가 성립됨을 확인하여라.

Chapter

12 노턴 정리

1. 실험목적

1) 노턴 정리(Norton's theorem)의 기본개념을 이해한다.
2) 노턴 정리를 실험을 통하여 확인한다.

2. 관련이론

노턴 정리는 전압원 대신 전류원으로 회로를 단순화하는데 사용된다. 즉 "복잡한 2단자 회로를 하나의 등가 독립 전류원과 하나의 등가저항이 병렬로 연결된 회로로 변환할 수 있다"는 것이 노턴 정리이다.

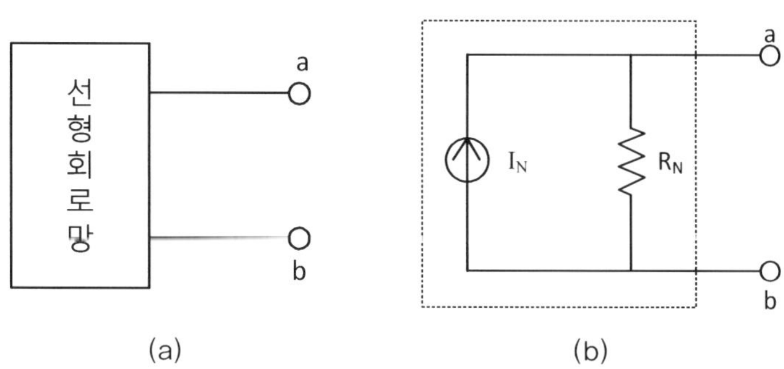

그림 12.1 임의의 회로망과 그 노턴 등가회로

노턴 등가회로를 구하기 위해서는 먼저 노턴 등가전류를 구해야 하는데 노턴 등가전류는 회로 두 점 사이의 단락회로 전류로 정의되므로 그림12.1(a) 회로에서 a, b 두 단자를 단락 시키고 단락된 두 단자 사이에 흐르는 전류를 구하면 된다. 노턴 등가저항의 경우는 테브난 등가회로에서와 마찬가지로 두 단자 a, b 로부터 회로 내부를 바라본 등가 합성저항을 구하면 된다.

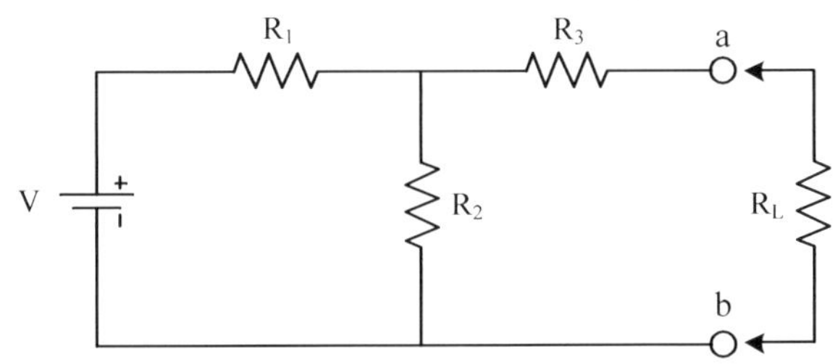

그림 12.2

이때도 테브난 등가회로에서와 마찬가지로 내부의 전압원과 전류원은 모두 제거한다.

그림12.2와 같은 회로의 노턴 등가회로를 구해보자.

먼저 노턴 등가저항을 구한다. 그림12.3(a)와 같이 a, b 단자의 부하저항을 제거 한 후 a, b 두 단자로부터 회로 내부 쪽을 바라본 노턴 등가저항을 구하면 된다. 이때 내부전원을 제거하면 그림12.3(b)의 회로가 되고, 이 회로의 합성 등가저항을 구하면

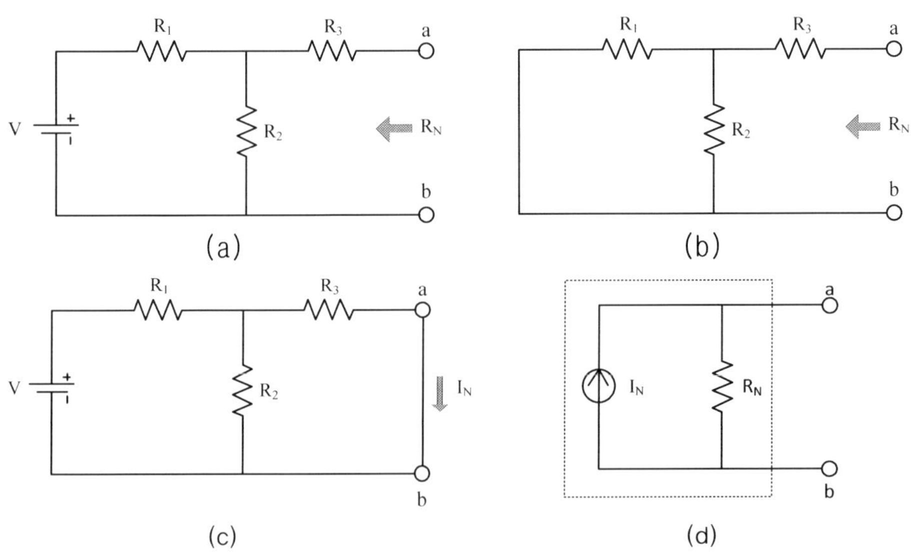

그림 12.3 노턴 등가회로 예 1

$$R_N = R_3 + (R_2 // R_2) = R_3 + \frac{R_2 \cdot R_1}{R_1 + R_2}$$

가 된다.

다음은 그림12.3(c)와 같이 두 단자 a, b를 단락한 후 단락 회로에 흐르는 전류(즉, R_3 에 흐르는 전류)를 구하면, 이 전류가 노턴 등가전류 I_N이 된다. 노턴 등가전류 I_N을 구하기 위하여, 먼저 전체전류 I_T를 구하면

$$I_T = R_1 + R_2 // R_3 = \frac{V}{R_1 + \dfrac{R_2 \cdot R_3}{R_2 + R_3}}$$

가 되고, 노턴 등가 전류 I_N는

$$I_N = I_T \cdot \frac{R_2}{R_2 + R_3}$$

이 된다. 마지막으로 앞에서 구한 노턴 등가저항 R_N과 노턴 등가전류 I_N을 이용하여 노턴 등가회로를 그리면 그림12.3(d)와 같게 된다.

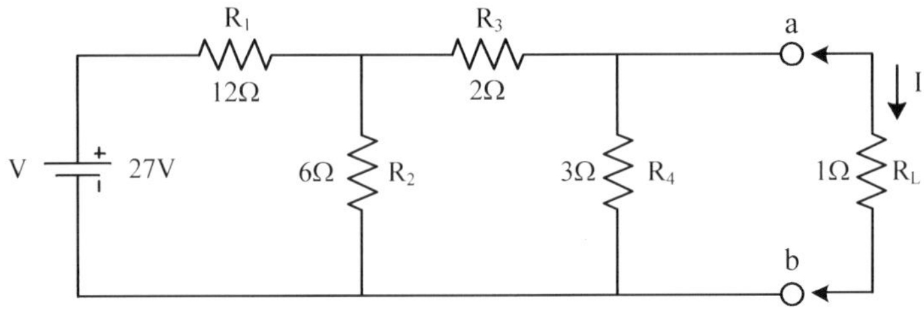

(a)

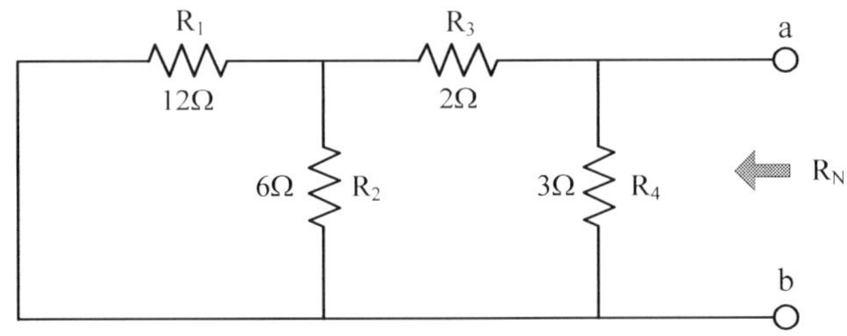

(b)

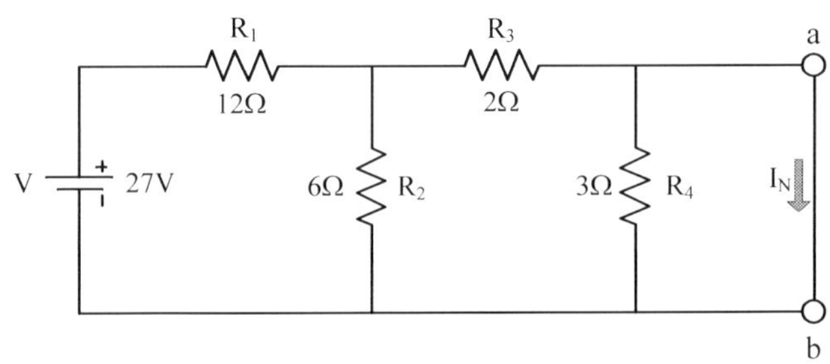

(c)

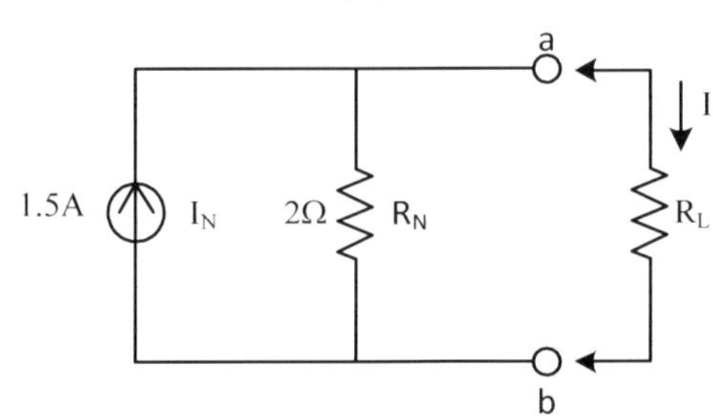

(d)

그림 12.4 노턴 등가회로 예 2

노턴 등가회로에서, 등가저항 R_N의 값은 테브난 등가회로의 등가저항 R_{TH}의 값과 같고 구하는 방법 또한 동일하다. 그리고 노턴 등가회로도 두 단자 회로망의 하나이므로 그 테브난 등가회로를 구할 수 있다. 노턴 등가회로의 두 단자를 개방하면 노턴 등가전류 I_N이 모두 R_N을 통하여 흐르게 되므로 개회로 전압 즉 V_{TH}의 값은 $V_{TH}=I_NR_N$이다.

또한 노턴 등가회로의 두 단자를 단락 시키면 I_N이 모두 두 단자 사이로 흐르게 되므로 단락전류는 I_N이 된다. 그러므로 R_{TH}의 값을 $\frac{V_{OC}}{I_{SC}}$를 통하여 구하면

$$R_{TH}=\frac{I_NR_N}{I_N}=R_N$$

이 된다. 즉 테브난 등가회로와 노턴 등가회로의 등가 저항값은 같고 V_{TH}와 I_N의 관계는 옴의 법칙과 유사한 형태의 식 $V_{TH}=I_NR_N$으로 주어진다.

다음은 그림12.4(a) 회로에서 단자 a, b 에 접속되어 있는 1Ω 저항에 흐르는 전류를 노턴 정리를 이용하여 구해 보도록 하자.

우선 1Ω 저항을 떼어놓고, 단자 a, b에서 회로 내부 쪽을 바라본 합성저항 즉, 노턴 등가저항을 구하면 그림12.4(b)와 같이 되어 $R_N=2\Omega$가 된다. 또한 그림12.4(c)와 같이 a, b 두 단자를 단락 시켰을 때 흐르는 전류 즉, 노턴 등가전류 $I_N=1.5[A]$가 되므로, 그림12.3(d)와 같은 노턴 등가회로가 얻어진다. 이 등가회로의 단자 a, b 에 1Ω의 저항을 접속하면 1Ω의 저항에는 전류분배법칙에 따라 $1A$의 전류가 흐르게 된다.

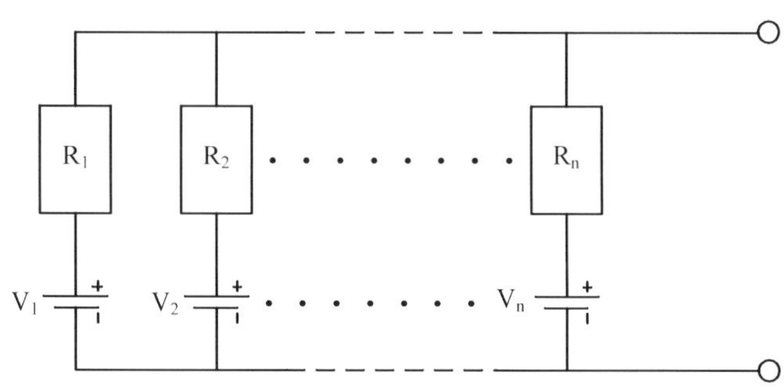

그림 12.5

또한 노턴 정리의 응용 예로 그림12.5와 같이 다수의 기전력을 포함하는 회로에서 단자 a, b 사이의 전압을 구해 보도록 하자.

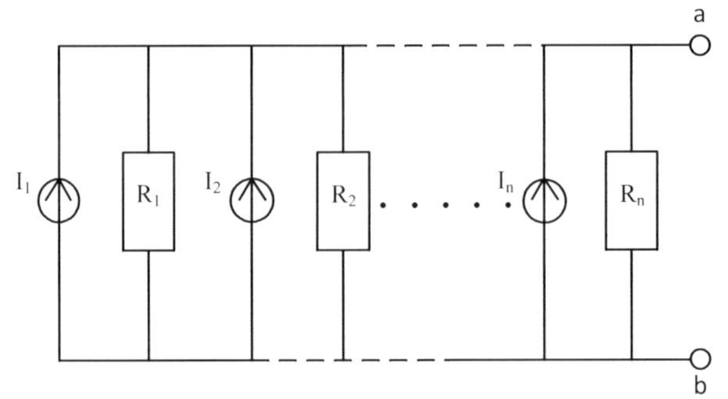

(a)

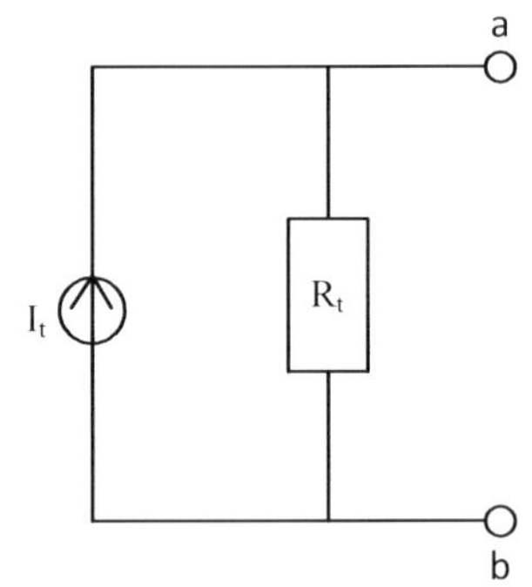

(b)

그림 12.6

여기서 각각의 전압원을 등가전류원으로 바꾸면 그림12.6(a)와 같이 되고 이것을 다시 종합하여 그림12.6(b)와 같은 회로로 바꾸면

$$I_t = I_1 + I_2 + \cdot\cdot\cdot + I_n \qquad (12.2)$$

$$R_t = \frac{1}{\frac{1}{R_1} + \frac{1}{R_2} + \cdot\cdot\cdot \frac{1}{R_n}} \qquad (12.3)$$

이 되므로, a, b 양단의 전압 V_{ab} 는 다음과 같이 된다.

$$V_{ab} = I_t \times R_t \qquad (12.4)$$

이것은 여러 개의 서로 다른 전압원을 병렬로 접속했을 때 단자전압을 구하는데 대단히 편리하게 이용될 수 있는 공식으로, 흔히 밀만 정리(Millman's theorem)라고 한다. 즉 밀만 정리는 노턴 정리의 한 응용 예라고 볼 수 있다.

3. 사용기기 및 부품

1) 직류전원공급 장치
2) 디지털 멀티미터(DMM)
3) 브레드 보드
4) 저항(1/2[W]) : 100Ω 2개, 200Ω 2개, 300Ω 2개, 680Ω, 1$K\Omega$ 2개, 2$K\Omega$, 3$K\Omega$
   저항(2[W]) : 100Ω 2개, 200Ω 3개, 300Ω, 470Ω
5) 리드선

4. 실험순서

① 그림12.7 회로를 결선하고, 저항 R을 제거 한 후 a, b 두 단자를 단락시켜 이 두 단자 사이를 흐르는 전류를 측정하여 표12.1에 기록한다.

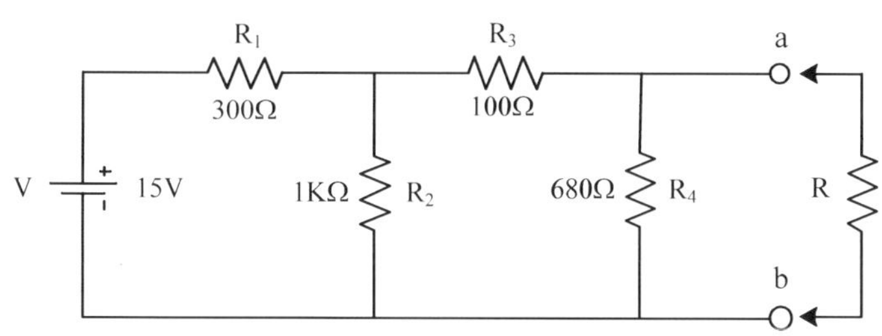

그림 12.7

② 그림12.7 회로에서 전압원을 떼어내고 이를 단락 시킨 후, 단자 a, b 사이의 저항을 측정하여 표12.1에 기록한다.

③ 다시 그림12.7 회로의 전압원을 연결하고, 단자 a, b 사이에 표12.2에 지시된 저항을 접속하여 이 저항에 흐르는 전류를 측정하고 표12.2의 측정치란에 기록 한다.

④ 그림12.8 회로를 결선하고, 저항 R을 제거 한 후 a, b 두 단자를 단락시켜 이 두 단자 사이를 흐르는 전류를 측정하여 표12.3에 기록한다.

⑤ 그림12.8 회로에서 전압원은 제거 후 단락 시키고, 전류원은 제거 후 개방 시킨 후 단자 a, b 사이의 저항을 측정하여 표12.3에 기록한다.

⑥ 다시 그림12.8 회로를 결선하고, 단자 a, b 사이에 표12.4에 지시한 저항을 접속하여 이 저항에 흐르는 전류를 측정하여 기록한다.

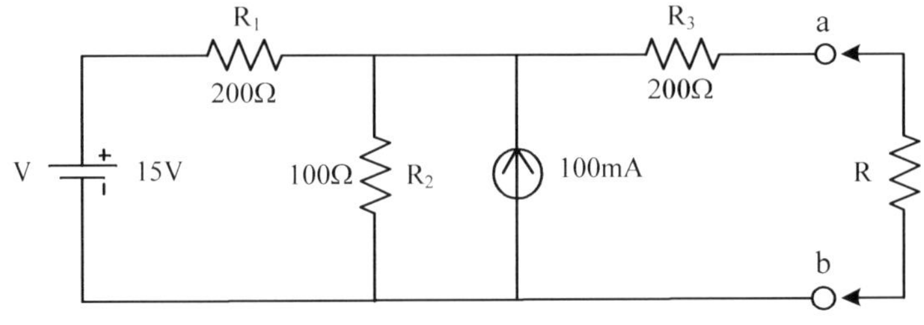

그림 12.8

⑦ 그림12.9 회로를 결선하고, R_1, R_2, V_1, V_2를 표12.5에 지시한 대로 바꾸어 a, b 양단의 전압 V_{ab} 를 측정하여 기록한다.

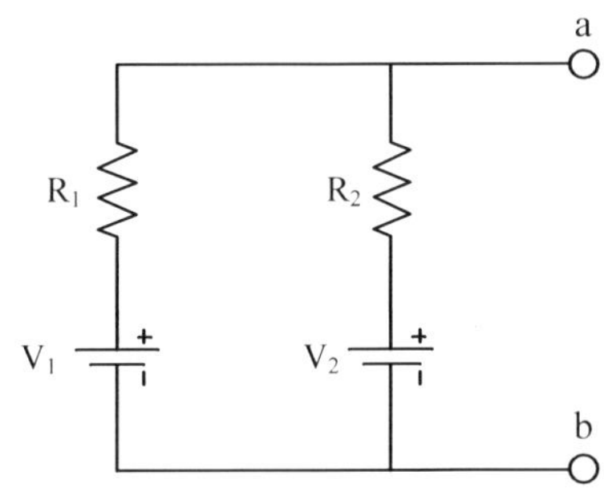

그림 12.9

표 12.1

이론치		측정치	
$I_s[mA]$	$R_{ab}[\Omega]$	$I_s[mA]$	$R_{ab}[\Omega]$

표 12.2

R \ A	R=100Ω	R=200Ω	R=470Ω	R=1$K\Omega$
이론치$[mA]$				
측정치$[mA]$				

표 12.3

이론치		측정치	
$I_s[mA]$	$R_{ab}[\Omega]$	$I_s[mA]$	$R_{ab}[\Omega]$

표 12.4

A \ R	R=100Ω	R=200Ω	R=300Ω	R=470Ω
이론치[mA]				
측정치[mA]				

표 12.5

R_1	300Ω	300Ω	1$K\Omega$	2$K\Omega$	3$K\Omega$
R_2	300Ω	680Ω	2$K\Omega$	1$K\Omega$	1$K\Omega$
V_1	6V	6V	12V	8V	24V
V_2	6V	6V	15V	10V	12V
이론치[V]					
측정치[V]					

학 습 평 가 문 제

1) 어떤 회로망의 두 단자 a, b 에서 회로 내부 쪽을 바라본 저항이 R_{ab} 이고, 이 두 단자를 단락 하였을 때 흐르는 전류가 I_s 이다. 이때 이 회로망의 a, b 두 단자에 저항 R을 가지는 부하를 접속하면 부하에 흐르는 전류는 얼마인가?
2) 노턴 정리를 다른 말로 (   ) 정리라고 한다.
3) 노턴 정리는 테브난 정리와 (   )관계가 있다.
4) 다수의 전압원이 병렬 접속되어 있는 회로망의 두 단자 사이의 전압은 (   )이 되며, 이를(   )정리라고 한다.
5) 노턴 정리에서 전류원의 값은 회로망의 두 단자를 (   )했을 때의 전류 값 이다.
6) 노턴 정리를 이용하여 그림11.6, 그림11.7 회로를 해석하고 노턴 등가 회로를 그려 보아라.
7) 그림12.10 회로에서 a,b 단자로부터 회로 내부 쪽을 바라본 노턴 등가회로를 그려라.

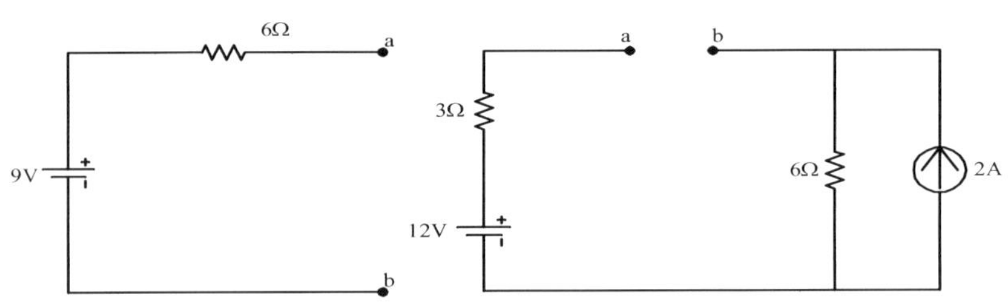

그림 12.10

8) 노턴 정리를 이용한 예를 2개 이상 들어 보아라.

Chapter

13 최대전력 전달조건

1. 실험목적

1) 일정 전압원으로 부터 부하저항에 최대의 전력을 전달할 수 있는 조건을 실험을 통하여 확인하고 이해한다.
2) 임피던스 정합의 개념을 익힌다.

2. 관련이론

최대전력전달 이론은 1840년 "Moritz von Jacobi"에 의하여 발표된 이론으로서 "Jacobi's law"로도 불린다. 이 이론에 의하면 일정 전압원으로 부터 부하에 최대전력을 전달할 수 있는 조건은 "부하저항의 크기와 일정 전압원의 출력단으로 부터 내부 쪽으로 바라본 소스의 저항이 동일하다는 조건이 충족할 때"이다. 즉 일정 전압원으로부터 부하에 전달되는 전력은 출력단자로부터 내부 쪽을 바라본 테브난 등가 저항값과 부하 저항값이 일치할 때 부하에 최대전력이 전달된다. 그러나 최대 전력전달이론은 최대전력전달의 조건을 충족하는 조건일 뿐 최대 효율을 나타내는 것은 아니다. 만약 소스저항보다 부하저항이 크다면, 더 많은 소스전력이 부하로 전달되므로 효율은 높아진다 하지만 부하전력의 크기는 전체 회로 저항이 커지므로 작아지게 된다.
만약 부하저항이 소스 저항보다 작다면, 많은 부분의 소스전력은 소스 자체에서 소비된다. 그러나 소비되는 전체전력은 더 높아진다. 왜냐하면 전체저항이 낮아지기 때문이다. 이것은 결국 부하에서의 소비전력이 낮아지게 한다.

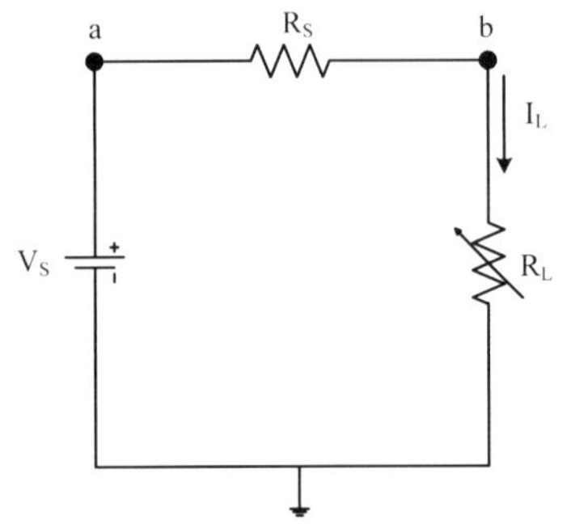

(a)저항직렬회로

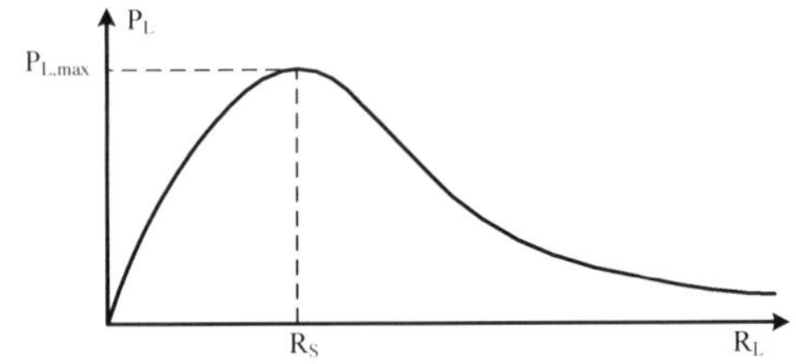

(b)부하단의 전력

그림 13.1 최대 전력전달 조건과 부하전력

이 이론은 부하저항에 최대전력을 전달하기 위하여 부하저항을 선택하는 방법에 대하여 설명하는 이론이다. 예를 들어서 그림13.1과 같이 내부저항 R_s 를 가지는 전원에 부하저항 R_L 을 연결했을 때 부하저항에서 소모되는 전력을 계산해보자.

그림13.1에서 부하저항 R_L 은 가변저항이다. 이때 부하저항 R_L에 흐르는 전류 I_L 은 식 13.1과 같이 구해진다.

$$I_L = \frac{E_S}{(R_S + R_L)}$$

(13.1)

그러므로 부하단의 전력 P_L은

$$P_L = R_L I_L^2 = R_L \frac{E_S^2}{(R_S + R_L)^2} = E_S^2 \frac{R_L}{(R_S + R_L)^2} \tag{13.2}$$

이 된다.

여기서 부하저항 R_L 의 변화에 따른 부하에서의 소비전력 P_L 의 최대값을 구하기 위해 소비전력 P_L을 부하저항 R_L에 관해 미분하면

$$\frac{dP_L}{dR_L} = E_S^2 \frac{1 \cdot (R_S + R_L)^2 - 2R_L(R_S + R_L)}{(R_S + R_L)^4} \tag{13.3}$$

이 되고,

식(13.3)으로 부터 그 값이 0이 되는 조건을 구하면

$$R_L = R_S \tag{13.4}$$

이 된다.

이것은 부하단에 최대 전력을 전달하기 위한 조건이 되며, 다른 말로 임피던스 정합이라고 한다.

식(13.4)에서 구해진 조건을 식(13.2)에 대입하면, 최대전력전달 조건일 때 부하단에 전달되는 전력의 최대값은

$$P_{L,\max} = \frac{E_S^2}{4R_L} \tag{13.5}$$

이 된다. 그리고 최대 전력이 전달될 때의 효율 η[%]는

$$\eta = \frac{P_{L,\max}}{P_S} \times 100[\%] = \frac{E_S^2/4R_L}{E_S^2/2R_L} \times 100[\%] = 50[\%] \tag{13.6}$$

가 된다. 따라서 임피던스 정합된 상태라고 하더라도 효율은 50[%]를 넘지 못한다.

3. 사용기기 및 부품

1) 직류전원공급 장치
2) 디지털 멀티미터(DMM)
3) 브레드 보드
4) 정밀 가변저항(1[W]) : 500Ω
   저항(1/2[W]) : 100Ω
5) 리드선

4. 실험순서

① 그림13.2과 같이 회로를 구성한다. 여기서 직류전압 V_s=5 V, R_S=100Ω 이다.

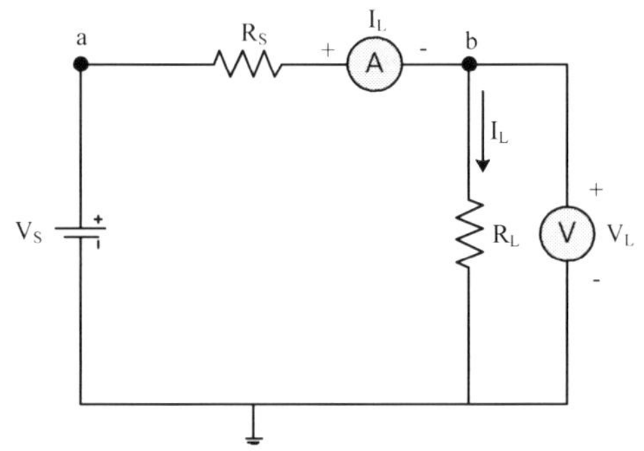

그림 13.2 최대전력전달 실험회로

② 부하저항(부하저항은 정밀 가변저항기를 이용)R_L 값을 표13.1에 주어진 저항 값으로 조정하면서, 이때 부하양단 전압강하(V_L)과 부하에 흐르는 전류(I_L)을 측정하여 표13.1의 해당란에 기록한다.

③ 측정 전압과 측정 전류를 이용하여 부하단의 전력을 계산하고 표13.1의 해당란에 기록한다.

④ 표13.1에서 구한 부하 전력값과 부하 저항값을 이용하여 그림13.3에 점을 찍어 나타내고 선으로 연결한다.

⑤ 최대전력을 나타내는 부하 저항값을 아래에 기록하고, 이 값이 전원부의 저항 값과 일치하는지 확인한다.

R_L = ____________ [Ω]

표 13.1 부하저항의 전압, 전류측정과 부하전력 계산

부하저항값[Ω]	20	40	60	80	100	120	140	160	180
부하전압[V]									
부하전류[mA]									
부하전력[mW]									

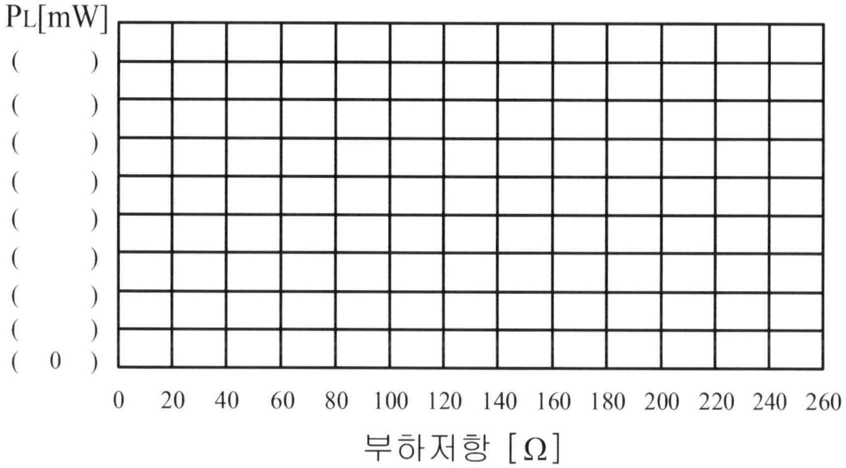

그림 13.3 부하저항에 따른 부하의 소모전력

학 습 평 가 문 제

1) 최대 전력을 타나내는 부하 저항값은 얼마인가?

$R_L =$ ____________ $[\Omega]$

2) 임피던스 정합의 개념과 필요성을 설명하시오.

3) 코일이나 콘덴서의 리액턴스 소자가 연결된 일반회로의 임피던스 정합 방법에 대해 설명 하시오.

4) 전원부의 임피던스와 가변이 불가능한 일정한 임피던스 부하를 정합 시키는 방법을 알아보자.

5) 전원의 임피던스가 크면 효율이 떨어지는 이유를 설명하시오.

Chapter

14 휘스토운 브리지

1.실험목적

1) 휘스토운 브리지(Wheatstone bridge)를 통하여 브리지 회로의 원리를 이해 한다.
2) 휘스토운 브리지를 이용한 저항 측정법을 익힌다.

2. 관련이론

휘스토운 브리지는 주로 중저항 측정에 사용되는 계기로 영위법에 의한 정밀 계측방법을 사용한다. 영위법이란 브릿지 회로에 검류계를 설치하고 검류계에 전류가 흐르지 않는 점(평형상태)을 측정하여 미지의 저항값을 알아내는 방법이다. 이 측정 방법은 검류계에 전류가 흐르지 않게 되므로, 검류계 내부 임피던스가 측정값의 오차에 미치는 영향이 없어 정밀측정이 가능하게 된다.

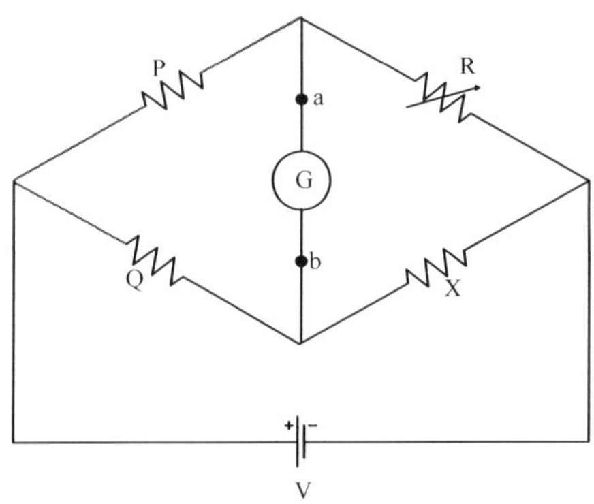

그림 14.1 휘스토운 브릿지 회로

그림14.1은 휘스토운 브리지의 기본적인 구성을 보여준다. 그림14.1에서 테브난 정리를 이용하여 검류계 G에 전류가 흐르지 않을 조건을 구하면, 검류계를 하나의 부하로 보아 검류계를 떼어낸 상태에서 단자 a, b 간의 전위차 V_{ab} 가 0이 되면 된다.

따라서,

$$V_{ab} = \frac{R}{P+R}V - \frac{X}{Q+X}V = 0 \tag{14.1}$$

의 조건이 성립되어야 되므로, 식(14.1)로부터

$$PX = QR \tag{14.2}$$

이 성립된다. 이것을 브리지 회로의 평형조건이라 한다.

한편 측정하고자 하는 미지의 저항을 X라 하면, 식(14.2)로부터

$$X = \frac{Q}{P}R \tag{14.3}$$

로 X를 구할 수 있다. 이와 같은 의미로 부터 P, Q를 비례변이라 하고, R을 평행변이라 하며, 실제의 휘스토운 브리지는 이 P, Q, R 값을 여러 가지로 변화시킬 수 있도록 하여 측정범위를 확대한 정밀 계측기이다.

3. 사용기기 및 부품

1) 직류진원공급 징치
2) 디지털 멀티미터(DMM)
3) 브레드 보드
4) 가변저항(10$K\Omega$)
   저항(1/2[W]) 1% 오차 : 1$K\Omega$, 10$K\Omega$(2개), 100$K\Omega$
   저항(1/2[W]) 5% 또는 10% 오차 : 2.2Ω부터 1$M\Omega$ 까지 임의로 10개
5) 리드선

4. 실험순서

① $P=10K\Omega$, $Q=1K\Omega$, R은 가변저항(10$K\Omega$), X는 주어진 시료저항 중 임의의 것을 택하여 그림14.2 회로를 결선 한다. 여기서 직류전압 V는 최소로 해 두고, 검류계 (G)는 디지털 멀티미터의 전류계를 사용한다. 이때 전류측정 레인지는 25mA 정도로 해두고 접속한다.

② 직류전압 V를 천천히 증가시켜 가면서 전류값을 관찰하여 음(−)의 값이면 전류계의 극성을 바꾸어 접속한다. 또한 전류계의 값이 너무 적으면 측정 레인지를 한 단계 낮춘다.

③ 디지털 멀티미터의 전류값이 최소가 되도록 가변저항을 조정한다.

④ 디지털 멀티미터의 전류값이 최소가 되어 측정이 어려우면 다시 측정 레인지를 한 단계 낮게 한다.

⑤ 전압을 최대값까지 점차 증가시켜가며, 전류값이 더 이상 적어지지 않을 때까지 ③,④과정을 반복한다.

⑥ 더 이상 전류값이 적어지지 않으면 이때의 가변 저항값을 디지털 멀티미터로 측정하여 표14.1의 R란에 기록한다. (단, 전류값이 0 근처까지 감소하지 않으면 측정불능으로 X로 표시한다.)

⑦ 미지저항 X를 떼어내고, 이 저항값을 디지털 멀티미터로 측정하여 표14.1의 X란에 기록한다.

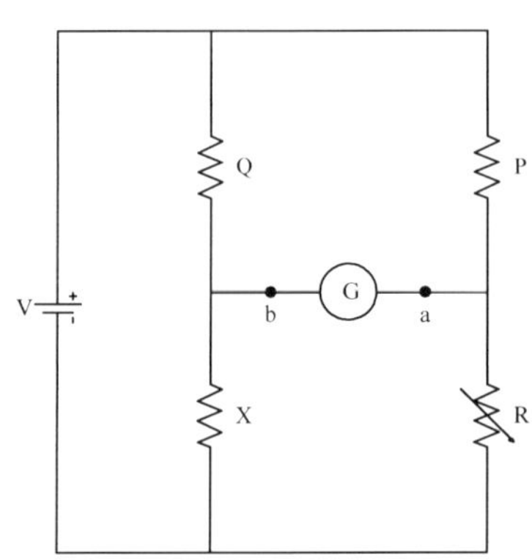

그림 14.2 휘스토운 브릿지 실험회로

⑧ 미지저항 X를 다른 것으로 바꾸고 위의 과정을 반복하여, 측정된 결과를 표 14.1에 기록한다.

⑨ 그림14.2 회로에서 Q를 $10K\Omega$으로 바꾸어 위의 과정을 반복하고, 측정된 결과를 표14.2에 기록한다.

⑩ Q를 $100K\Omega$으로 바꾸어 위의 과정을 반복하고, 측정된 결과를 표14.3에 기입한다.
주) 표14.1, 표14.2, 표14.3의 C에는 미지의 저항 X의 칼라코드 값을, T에는 디지털 멀티미터로 측정한 미지의 저항 X 값을, R에는 디지털 멀티미터로 측정한 가변 저항값을, X에는 식(14.3)에 의하여 계산된 미지의 저항 값을 기록한다.

표 14.1 $Q=1K\Omega$ 일 때

조 건 \ 시료번호	1	2	3	4	5	6	7	8
C								
T								
R								
X								

표 14.2 $Q=10K\Omega$ 일 때

조 건 \ 시료번호	1	2	3	4	5	6	7	8
C								
T								
R								
X								

표 14.3 $Q=100K\Omega$ 일 때

조 건 \ 시료번호	1	2	3	4	5	6	7	8
C								
T								
R								
X								

학 습 평 가 문 제

1) 휘스토운 브리지는 (   )의 측정에 사용된다.

2) 휘스토운 브리지와 같이 검류계에 흐르는 전류가 0이 되는 것을 이용하는 측정법을 (   )이라 한다.

3) 그림14.1과 같은 회로에서 평형조건은 (   )이다.

4) 브리지를 이용한 측정의 정밀도는 (   )에 의하여 결정된다.

5) 그림14.1과 같은 브리지의 평형조건을 키르히호프법칙을 이용하여 유도하라.

6) 휘스토운 브리지에 사용되는 검류계의 내부저항을 R_m이라 할 때 검류계에 흐르는 전류를 테브난 정리를 이용하여 구하라.

7) 휘스토운 브리지의 예를 4개 이상 들고, 평형조건 및 용도를 설명하여라.

8) 표14.1의 측정결과에 대하여 기존 브리지와 비교하여 오차의 원인을 분석하여라. 한편, 이 경우 저항의 측정범위는 어느 정도인가?

9) 표14.2에서 발생된 오차의 원인은 무엇인가?

10) 표14.3에서 발생된 오차의 원인은 무엇인가?

11) 지금까지 실험한 결과로 볼 때 오차의 원인은 주로 무엇에 있다고 생각되는가?

12) 휘스토운 브리지의 측정범위를 확장시키는 방법을 생각해 보아라.

기초 회로망실험

1판 8쇄 2020년 9월 21일

저 자 김세찬
발행인 송광헌
발행처 복두출판사
주 소 서울특별시 영등포구 경인로82길 3-4
센터플러스 807호
(우) 07371
전 화 02-2164-2580
FAX 02-2164-2584
등 록 1993. 11. 22. 제 10-902 호

정가 : 10,000원
ISBN : 978-89-8000-805-6 93560

한국과학기술출판협회 회원사